内心强大心理学
靠别人就会变好吗

"听心理咨询师讲故事"编写组 —— 编著

中国纺织出版社有限公司

内 容 提 要

现代社会，人们普遍缺乏安全感，每个人都想要找到一个可以依靠的人，殊不知，靠山山会倒，真正的安全感不是别人给的，而是来自强大的内心。要想拥有成功的人生，我们只能从自己的内心出发，让自己成为内心强大的人，这比讨好全世界都更有用处。

本书以心理学知识为基础，从各个角度为读者朋友们剖析，如何才能战胜人生中不期而至的挫折和苦难，帮助读者朋友修炼强大的内心，学会平衡生活和工作，拥有让自己幸福的能力，使自己成为人生中真正的强者。

图书在版编目（CIP）数据

内心强大心理学. 靠别人就会变好吗 /"听心理咨询师讲故事"编写组编著. -- 北京：中国纺织出版社有限公司，2024.6

ISBN 978-7-5229-1660-6

Ⅰ. ①内… Ⅱ. ①听… Ⅲ. ①心理学—通俗读物 Ⅳ. ①B84-49

中国国家版本馆CIP数据核字（2024）第073041号

责任编辑：李 杨　　责任校对：王蕙莹　　责任印制：储志伟

中国纺织出版社有限公司出版发行
地址：北京市朝阳区百子湾东里A407号楼　邮政编码：100124
销售电话：010—67004422　传真：010—87155801
http://www.c-textilep.com
中国纺织出版社天猫旗舰店
官方微博 http://weibo.com/2119887771
天津千鹤文化传播有限公司印刷　各地新华书店经销
2024年6月第1版第1次印刷
开本：880×1230　1/32　印张：7
字数：115千字　定价：49.80元

凡购本书，如有缺页、倒页、脱页，由本社图书营销中心调换

前言
PERFACE

现代社会，竞争无处不在，生存也变得越来越艰难。几乎每个人都想让自己变得更加强大，为此，有人健身让自己强壮，有人学习让自己充实，有人拼搏让自己伟大……其实，一个人的真正强大，并不仅仅在于身材与外形，更在于内心。只有拥有强大的内心，我们才能成为真正的强者，也才能从容应对人生，迎接命运的挑战。

内心强大的人，即便遭遇困境，也能够从生命的源泉中不断汲取力量，哪怕适逢强大的对手，也能够坦然面对。而且，他们能够客观公正地认识自己和剖析自己，即便发现自己的弱点和不足，也能够坦然接受，然后积极提升和完善自己。内心强大的人永远不会被失败打倒，他们也绝不放弃，除非生命走到最后一刻。他们深知生存的哲学，尽管知道自己很强大，但是却绝不肆意张扬，他们是非常内敛的，他们总是韬光养晦，低调做人，心态平和。

内心强大的人还很善于忍耐，他们知道人生是不完美的，因而能够容忍这个世界的缺陷，也能够容忍他人的挑衅。他们之中不乏有人因为忍耐，成了王侯将相，成就了千秋大业，也有人在学术上

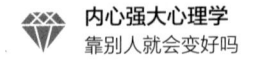

做出了自己的独特成就，为整体人类带来了福音。除此之外，他们还能够容忍吃亏上当。他们看似糊涂，实际上非常精明，他们知道小不忍则乱大谋，因而他们宰相肚里能撑船，总是一忍再忍，吃亏了也能够忍受。正如古人所说的，海纳百川，有容乃大。

现实生活中，很多人之所以会失败，就是因为他们总是一遇到困难就退缩。同样，所有的成功都不是一蹴而就，成功者遭受的厄运甚至比失败者更多，但是他们能够坚持不懈地勇往直前，这就是他们获得成功的秘密。遗憾的是，尽管有很多人都知道获得成功必须坚持不懈，永远进取，但是真正能做到这一点的人却少之又少。这并非是生活中简单的口号，因此要想让这个原则对我们的成功产生助力，我们就必须更加坚定不移地前行。

人生在世本就不易，从现在开始，就让我们努力修炼，努力成长，努力去拥有一颗淡定平和的心，去拥有一颗自信自强的心。此外，在坚守自己内心的同时，我们也要学会圆融处世，顺势而为，让我们的人生更加坦然随意，让我们的生活更加自在从容。让我们练就一颗强大的内心，因为只有来自强大内心的力量，才是我们真正的力量，也才能切实帮助我们摆脱平庸，走向不凡。

编著者

2023年8月

目录
CONTENTS

Part 1
婚姻是命运的新起点，需要谨慎选择和决定 —— 001

感情好可以不需要物质吗 / 003

女人的不幸从选择错误的婚姻开始 / 006

找一个能够与父母沟通良好的男人 / 010

总围着男人转，女人就失去了成长的可能 / 014

婚姻中女人的智慧需要尽快跟进 / 017

好的婚姻是女人走上幸福的通道 / 020

Part 2
有些事儿早点儿明白，人生才不会后悔 —— 025

善良也要有策略 / 027

忍耐与努力是获取美好生活的必备能力 / 031

你的每个选择都决定着今后的路 / 034

遇事不要慌，要学会自救 / 038

你的品位决定你的生活状况 / 042

价值观是衡量幸福的一个标准 / 045

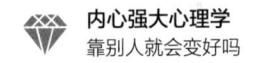

Part 3
内心越强大，越能掌控自己的命运 —— 051

关键时刻只有自己能够拯救自己 / 053

每个人的命运都该由自己来掌控 / 056

你的内心暗示着你的运气 / 060

不必在意缺陷，因为每个人都有 / 064

不要过分追求完美和公平 / 067

出身无法选择但命运可以改变 / 071

Part 4
保持美好形象，做一个走到哪儿都受欢迎的人 —— 077

适当矜持，不要太过主动 / 079

任何时候都别忘了自己的身份 / 083

别因为爱而降低了生活品质 / 086

时刻保持良好的形象，才能抓住每个机会 / 090

有趣味的人走到哪里都受欢迎 / 093

Part 5
让自己有价值，才能尽情过好一生 —— 099

除了你自己，没有人可以阻止你的脚步 / 101

社交与沟通中藏着成功的机会 / 104

展现出你的修养和智慧 / 108

拥有一技之长，生活不再迷茫 / 112

努力提升自己，才能不惧站到人前 / 115

Part 6
认清现实少犯糊涂，因为有些错误无法弥补 —— 121

让自己拥有久盛不衰的资本 / 123

学会说"不"，不要迁就 / 127

体面靓丽的女人也不会事事顺意 / 130

不要犯"很傻很天真"的错误 / 134

做自立的女人，远离渣男 / 137

及时止损，不要一错再错 / 141

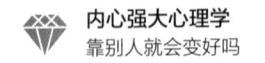

Part 7
不忘经常自省，看清当下才能持续进步 —— 145

不要吃了习惯的亏 / 147

别等撞了南墙再回头 / 151

你是否在人生的死胡同里沾沾自喜 / 155

反思自己是否有不好的习惯性动作 / 158

及时反省可以加速进步 / 162

不敢突破生活永远是死水一潭 / 165

Part 8
认清现实，不做不切实际的幻想 —— 171

追求安全感与金钱的保障并不丢人 / 173

生活要接地气儿，不要过于清高 / 176

不害怕吃苦，但不要被苦难所吞没 / 180

现实生活中受欢迎的人，都是懂得人情世故的人 / 184

现实一点，别总活在幻想中 / 188

Part 9
爱自己多一点，每个人都要为自己的命运负责 —— 193

女人别在操劳中埋没了自己的价值 / 195

自己在岸上，才有可能去救别人 / 198

失恋不是迷失自己的理由 / 202

别不舍得离开坏男人 / 206

聪明的女人懂得和男人齐头并进 / 209

参考文献 / 214

Part 1

婚姻是命运的新起点，需要谨慎选择和决定

婚姻是命运的新起点，是生活的起点，也是终点。池莉在《所以》中告诫女人，"一个女人有两条命，一条死于婚姻，一条生于婚姻。"女人嫁给不同的人就会拥有不同的身份地位，开始不同的生活。

对一个女人来说，婚姻像是人生的分水岭。在这个开放的时代，我们虽然不能说一次错误的婚姻就会吞噬女性一辈子的幸福，但它们总会让你付出一定的代价。为了不给自己的命运减分，女人在经营自己的婚姻时一定要擦亮眼睛，多花点儿心思。

感情好可以不需要物质吗

女人的好命，虽然很难给出一个完整的定义，但是有一点，女人必须同时拥有充裕的物质基础和愉快的精神状态。以此为基点看问题，我们可以得出这样的结论：女人嫁给有钱的男人，她可能好命，也可能不幸，因为这里面有太多的不确定因素；而女人嫁给一个一无所有的穷男人——这个穷不但包括物质上的穷，还包括没有进取心，没有创造力等精神上的穷，她的不幸简直就是注定的了。

这种论调听起来有些庸俗和绝对，但是要知道，现代社会已经给了个人充足的发展空间，一直穷困潦倒的男人，他们的责任感和进取心不能不受到置疑。

"只要两个人感情好，喝凉水也甜"，这多半是穷人的梦话。女人嫁给穷男人，最大的理由就是为了爱。既然图的不是物质享受，那么必然得用情感上的满足去补偿。但情感的满足一定能弥补物质上的不足吗？不见得。

婚姻中最主要的冲突之一，是"因钱而爆发的权力

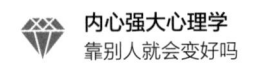

斗争"。

研究结果发现，夫妻的教育程度与为钱争吵的频率成反比。教育程度在高中以下者，常常因钱争吵，而在大学学历以上者，这种争吵就大为减少。这很可能是因为有较高的教育程度的人，常有较理想的工作和较优厚的待遇，这降低了婚姻中为钱发生摩擦的概率。调查还显示，人到中年不断为钱与配偶吵架的人很多，因为这时候，很多夫妻将面临各种问题，钱正好成为引爆点。工作中如潮水般涌来的竞争压力，使人越来越力不从心；生活中孩子逐渐长大，导致经济负担加重；双亲正需要照顾，工作与家庭难以兼顾。这些都使中年人在经济上和情绪上感受到强烈的压迫。

更要命的是，女人嫁给穷男人也不一定能得到情感上的满足。物质和精神并不是绝对对立，非此即彼的，穷男人不一定格外温柔，格外浪漫，格外尊重女性。相反，很多时候由于贫穷而产生的自卑，会导致他们心理变态；由于生活的艰难，他们会性情暴躁；更由于教养上的不足，他们往往采取粗暴态度解决生活中的矛盾，甚至有暴力倾向。

还有些女人以为嫁给穷人更加稳妥。毕竟，男人有钱就变坏嘛，富男人很容易在外面花天酒地，穷男人却没有这个条件，应该老实一些了吧？其实男人是否变坏和他的富裕程度没有必然的联系，路边的野花和网上的寂寞女人是每个心怀不轨的男人都可能招惹、可以招惹的对象。男人变坏，富有富的方式，穷有穷的办法，贫穷就老实的观念肯定是经不住现实检验的。

还有一点，有钱的男人在外面做了亏心事，一般还不会在家里撒野，因为他要顾忌很多。就算是夫妻翻脸，闹到离婚的地步，女人多多少少还是能得到一些经济上的补偿，再不济，孩子至少不会衣食无着。穷男人且不说他有没有这样的善心，在能力上他就做不到，没法补偿，女人一旦被扫地出门，完全可能失去一切，一无所有。

把穷男人和有钱的男人分别放在天平上称一称，优点和缺点一目了然。现在，你对自己的未来如何把握呢？

有些女人是感觉派，一心一意地寻找让自己倾心相爱的人，否则宁愿不结婚。其实，与其把"热恋"作为婚姻的首要条件，倒不如以"值得嫁"的标准选择未来的丈夫更容易获得幸福。事实上，很多爱丈夫、爱家庭、生活幸福美满的女人都认为，她们不管和什么样的男人结婚，都能做到像现在一样对丈夫好。这是因为婚后的爱情和热恋的时候不一样，恋爱的时候，不需要双方多么努力，也会滋生用不完的爱。但是结婚后就不一样了，当拥抱和亲吻都没有感觉时，夫妻间的爱情就需

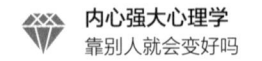

要智慧来维持了。因此，只要符合"值得嫁"这一条件，婚姻关系就很容易维持。结婚后仍能让妻子拥有不少礼物和旅行的机会，懂得浪漫而且性格好的男人，会让女人越来越爱。

我们都不是天使，只是一些凡俗的小女人，财富带来的安定与保护，相信每个女人都可以感知。财富不是感情的全部，但没有经济实力保障的感情，总有些苍白和薄弱。"离开穷男人！"这虽然不能使你的一生从此一帆风顺、高枕无忧，却不至于让你在年华逝去的时候，还陷在艰辛的生活里懊悔不已。

> **命运私语**
> 今天的社会给了人们无限的自由和无数改变命运的机会，如果一个男人一直穷困潦倒，那么他的进取心和创造力肯定有问题。好命的女人，要懂得远离这种男人，不要让他们成为导致你不幸的潜在因素。

女人的不幸从选择错误的婚姻开始

对一个女人来说，婚姻像是人生的分水岭。在这个开放的时代，我们虽然不能说一次错误的婚姻就会吞噬女性一辈子的幸福，但毕竟你总会为之付出一定的代价。选择离婚吗？即使可以顺利分手，已经逝去的青春和已经受伤的心灵却是无法弥补的。除此之外经济的纠葛，孩子的牵绊，甚至其他因素都会让女性无可奈何。

女人的一生是好命还是不幸，婚姻是其中分量最重的砝码。可惜的是，在选择婚姻生活的时候，我们还年轻，还不了解自己的需要，容易犯各式各样的错误。在这个世界上，好姻缘和坏姻缘都有千千万万，我们无法一一说清楚，但是这里面有一个最简单也最容易忽视的道理：在婚姻里，最重要的是自己的感受而非表面风光。生活经验还不够的年轻女人，千万不能被那种"看起来很美"的爱情迷了眼。

庄慧是个清秀美丽，性格又温柔体贴的好女人。上大学的时候，她身边就有很多追求者，但她对那些追求自己的男生视而不见，反而是为人高傲冷漠的斯明牢牢地抓住了她的心。

斯明一头长发，外表英俊潇洒，在与人交谈的时候，总喜欢引用各种哲学道理，不仅如此，他对古典音乐也有很深的造诣，小提琴拉得很棒，校园里的女生，为他着迷的人可以排成一长队，庄慧看到其他女生接近斯明，心里很不是滋味，因此她决定放弃所有的追求者，得到斯明的心。经过一段时间的努力，她如愿以偿成了斯明的恋人，大学毕业后，两人顺利地结

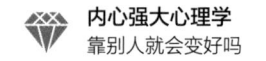

了婚，但很快婚姻就出现了各种问题。

谈恋爱时，斯明对庄慧就不是特别体贴，婚后更是不怎么关心她。虽然两人都要上班，但斯明从来都不帮妻子做家务，家里不论大事小事，似乎都与他无关。妻子忍不住埋怨时，斯明就会说："结婚是你一厢情愿的，这些事情你自己看着办吧！"最让人无法容忍的是，斯明工作一段时间后，认为做一些琐碎的小事太埋没自己的才华，于是连妻子都没告诉就辞了职，借口考研，在家里一待就是两三年，日常生活全靠庄慧的工资支撑。

庄慧在婚姻生活中，一直找不到幸福，最后被逼无奈提出离婚。受离婚后遗症的影响，庄慧一直在精神科接受治疗，当初错误的选择所带来的悔恨，已经深深地伤害了她的心灵。

像斯明那样的男人，最是女人幸福的杀手。男人如果各方面都平平无奇，即使有一点小毛病，也翻不起多大的浪花来，怕就怕他有钻石的外形和玻璃的内心，让女人看不透，识不破，飞蛾扑火般地投进一个永远也填不满的黑洞里。

选男人其实和买衣服差不多，不能只挂在那里养眼，穿在身上舒服才是正理。例如，商场里的高领无袖羊绒衫，在试衣间里，把大多数女性都衬得非常高贵美丽。可是拿回家去，它又能派上什么用场呢？天热的时候穿，你受不了它那层高领子，天冷的时候穿，胳膊上都是鸡皮疙瘩。让你不舒服的衣服不要买，让你不快乐的男人要敬而远之。

道理是这个道理，可有的女人总是下不了这种决心。首先，在结婚之前，你可以这样考虑一下：他身上最吸引你的、最耀眼的地方，对于以后漫长的生活有益吗？请注意，此生活是吃喝拉撒、柴米油盐的生活。其次，你认为结婚以后，他有没有需要改变的缺点？如果他的习惯和个性没有任何改变，你还会一如既往地爱他吗？

不要天真地以为，婚姻是包治百病的良药，只要结了婚，男人们就会成熟起来，花花公子也会变成居家男人，冷漠的男人也会变得温柔和有爱心。这些期待如同海市蜃楼，不可能变为现实。婚姻并不能消除潜在的危机或让人改过自新，如果在结婚前发现了某些问题，婚后发作起来只会更严重。

很多女人一旦确定了结婚的对象，就会变得非常不理智，很难发现问题，也很少把发现的问题摆到台面上来处理。她们认为，结婚是爱情的果实，不能为"小小"的问题而轻言放弃。但是有些恋爱时不是很看重的问题，婚后却会给当事者带来很大的困扰，当你把男人的自私当作潇洒，把他的夸夸其谈当作才华横溢时，不幸也在悄悄向你走近。

好命的女人，懂得有爱与被爱才是圆满，而思想单纯幼稚

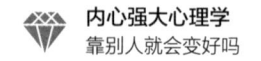

的女人，常常把一时的迷恋当成长久的感情。婚姻的实质其实就是生活，如果你的虚荣心不是太重，只依靠精神上的胜利就可以满足，那么在婚姻的选择上，还是保持现实的态度为佳。

> **命运私语** 在婚姻里，最重要的是自己的感受而不是别人羡慕的目光，生活经验还不够的年轻女性，千万不能被那种徒有其表的男人迷住了双眼。

找一个能够与父母沟通良好的男人

在六六的小说《双面胶》里，从东北农村走出来的亚平娶了上海姑娘胡丽娟，两个人的感情很不错，可惜婆媳从思想观念到生活方式没有一点儿合拍的地方。夹在中间的男人摆不平家里两个激烈对抗的女人，最后无事生非、小事变大，几近酿成家破人亡的悲剧性后果。婆媳不和是男人无以逃避的问题，对女性也是同样的道理，老丈人丈母娘和女婿互相看着不顺眼，做女儿做妻子的，也将陷于无穷无尽的烦恼之中。

文婷出生于一个典型的知识分子家庭，不但父母都是大学教授，姑伯舅舅等长辈之中也出了一个博士和三个硕士，在当

Part 1
婚姻是命运的新起点，需要谨慎选择和决定

年这是一件很了不起的事情。

文婷大学毕业后回到家乡，先是在一家大公司做文秘，三年以后，凭能力晋升为行政经理。让人意想不到的是，秀外慧中的她，这时竟然和公司里一个刚刚招进来的销售员小武搞起了姐弟恋。

小武是从贫困山区考出来的大学生，在这个城市里自然是一点儿基础也没有，然而对于这些文婷并不在意。小武第一次被文婷带去见父母时，由于紧张和身份悬殊，他在高贵典雅的客厅里手足无措，嗫嗫嚅嚅说不出话来，这让文婷的父母很不满意。但是处于热恋中的人是听不进不同的声音的，半年后，文婷不顾家人的反对和小武结了婚。

既然成了一家人，文婷也想让丈夫尽快融入自家的亲朋好友之中，以便缓和与父母的关系。娘家这边有什么重大事情，文婷都和小武一起去，但是她的良苦用心，并没有收到好的效果。在双方亲戚相处中，小武时常冒出的方言和惊人的饭量成了一种笑谈，尽管此时大家已经接纳了小武这个女婿的身份，可这种漫不经心的嘲笑，在文婷看来却是触目惊心的难受。

两个人私下的生活也不如想象中甜蜜。恋爱时小武知道文婷爱干净，总是把自己打扮整洁了才去见她。结婚后，一切安定下来，人不免也变得懈怠了，被压抑的本性逐渐显现出来

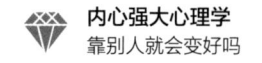

了，例如生吃葱蒜等刺激性食物，不洗漱就上床……这些事，说起来可大可小，但对于文婷来说却是不可忍受的。"冷战"时两人常常是你吃你的，我吃我的，你睡卧室，我睡客厅。

平心而论，小武对文婷的感情是很深的，他愿意通过自己的努力让妻子过上好生活，可他就是不明白妻子的小姐脾气怎么这么严重？

这就是男人无法与女方父母良性沟通所导致的苦恼了。婚姻是两个家庭的结合，两个好人，两个相爱的人，加起来不一定就等于是一段美满婚姻。

如果我们对当代的女人说，找爱人，一定要与父母合得来，也许会有人反驳说："他又不与父母一起过日子，我的感情由我做主，这有什么不对吗？"其实能与你的父母形成良好的互动，代表着他的教养、个性、言谈举止为你的父母所欣赏，基本上也就会与你合拍。毕竟，你从小就是由父母一手养育成人的，家庭的烙印，虽然看不到，但必然在你身上存在。

结婚双方的家庭或本人如果经济、地位、学识、成长的环境等相差较大，结婚以后一般不会幸福。随着时间的推移两人的价值观念、消费观念、文化、娱乐、卫生习惯、感情要求等生活的方方面面都会格格不入。而且，双方都坚持认为自己是对的，对方是错的，要求对方忍让和改变，久而久之，他们之间就不再是平等的关系，婚姻也会因此出现危机。

基于这种原因，一个女人如果在婚姻中过于"高攀"，她获得幸福的概率也不会太大。若不相信，请看那些嫁入豪门的女星，一时的风光过后，受虐、婚变等负面新闻屡见不鲜。

一个灰姑娘，因为爱情嫁入豪门，固然可喜可贺，但是婚礼之后呢？丈夫的家族是否能长期善待出身寒门的媳妇呢？就算对媳妇不错，那对媳妇的娘家人呢？作为女儿能坐视婆家人对自己老实巴交的父母冷眼相待吗？没有相当的经济背景的话，在以后的实际生活里，会深切体会到两个家庭之间的差距。

当然，现实身份差异很大而婚姻却很和谐的故事也是有的，但那需要彼此有一颗包容的心，并不断去磨合、谅解、愉快地接纳对方的差异。但那毕竟不是一件容易的事，作为女人，还是理智一点，"世俗"一点，不要选择与自己差异太大的男人。

命运私语　恋爱结婚，不仅仅是男人和女人两个人的事儿。成长环境、社会关系也会渗透进他们的二人世界，无论什么年代，"门当户对"都是和谐婚姻的金玉良言。

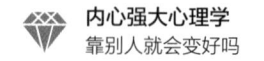

总围着男人转，女人就失去了成长的可能

在两性感情中，女人需要呵护，男人需要崇拜。如果男人对女人的呵护恰到好处，女人对男人的崇拜恰如其分，那么爱情就会是一幅美好的图画。怕就怕女人对男人过于"崇拜"，把他当成一棵参天大树，事无大小都等着他给兜起来，这种爱情就有些可悲了。

有一个男孩非常爱一个女孩，在他眼里女孩是那么纯洁善良，就像天使一样。而女孩也很爱这个男孩子，在她眼里，只要这个男孩想要做的事，没有不能做到的。当女孩大学毕业时，这个男孩已经创立了自己的公司，而且运营得很好。所以，女孩毕业后，男孩让女孩待在自己的身边，没有让她去找工作，之后不久他们就结婚了。

一开始他们的生活很美满。女孩把男孩当成自己生活的全部，她每天给他煲汤、熨衣服，让他有健康的身体、愉悦的好心情出去打拼，女孩认为男孩的成功就是她的成功，他的快乐就是她的快乐。偶尔参加了一次旧时同学朋友的聚会，女孩发现自己和她们找不到共同的话题。职场的是非她不懂，生活的艰辛她也没有体验，而且聚会闹哄哄的场面，也让女孩很不适应。渐渐地，她和大家都疏远了，于是她只能每天在家里养养宠物、看看电视，把时间打发过去。

这样的幸福生活持续了3年。直到有一天，女孩正在家里浇花时，男孩的公司来人告诉她男孩出车祸了，女孩听到后，因为极度伤心晕倒了，当她醒来时发现自己已经在医院里，更为悲惨的是，她的丈夫已经离开了人世。

女孩对公司的事务一无所知，他们的公司很快就倒闭破产了。女孩自己又挣不来钱，她不得不变卖了房子，住进了条件很差的出租屋。工作不好找，但是生活还是要继续，灰心失望之下女孩开始用酒精来麻醉自己，最后，她甚至堕落到用身体来换钱的地步。

生活中并不是每个女人都可能遭遇这样的天灾人祸，但是世事多变，即使你身边的男人一生平安，你能保证他的心永远不变吗？再美丽的女人，也有看厌的时候，再轰轰烈烈的爱情，也有归于平淡的时候，到了那时你还能抓住什么呢？

碰到一个爱你的、能够保护你的男人是一种幸福，但是一定要记得，无论是哪个人来保护你，都没有自己保护自己稳妥。

工作对于每个女人来说，不但是养活自己的需要，也是一种自我成长的途径。即使你有幸可以不出去工作（事实上，这是幸运还是不幸，是很难界定的），也要注意保持自己的社交

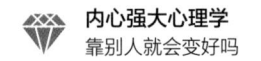

圈子，千万不能把老公当成唯一的圆心。

当一个女人以温柔体贴的妻子形象站在丈夫身边，陪他一起生活的时候，她可能会忽略自己的朋友圈子。在她的世界里，灯红酒绿，人来人往，一回头却孤单寂寞，冷冷清清，这种反差是不利于女性的身心发展的。

无论对任何人，付出的底线是不丢掉自己的生活。当你因为照顾自己的老公和家庭而疏远了昔日的朋友时，偶尔从家庭的狭小空间里出来透透气是绝对必要的。

在与朋友的交往的过程中可以帮助你解决许多问题。它可以扩大你的眼界，助你获得更多资源、更多人脉，同时也得到理解与放松。美国心理学家凯瑞·米勒博士在一次调查报告中公布，对于87%的已婚女人和95%的单身女人来说，同性朋友之间的情谊是生命中最快乐、最满足的部分，友谊会为她们带来一种无形的支持力。这种亲密的关系可作为一种预防性措施，一种对于免疫系统的支持，还能够降低疾病对你的威胁。

换言之，一个人要保持身心健康，不仅需要锻炼身体和合理饮食，更需要维护正常社交生活。并非一切以老公为重心才是爱他，如果你的风采逐渐消失，能力逐渐退化，这对你的家庭又有什么好处呢？

女人拥有正常的社交生活，可以获得更加完整的自己，时常给老公一种新鲜感。同时，女人在自己的朋友圈子里培养出来的时尚、机智、落落大方的风度，有助于在社交场合更出色地扮演好老婆的角色。

命运私语 当一个女人把男人当成生活的圆心，以家庭为半径活动时，她的各种生活能力就会逐渐退化，这时候，如果她的感情生活再出现一些变故，结局肯定会很悲惨。

婚姻中女人的智慧需要尽快跟进

恋爱是一种激情，但是激情往往不能持续太长时间，当激情消退的时候，女人不免要感叹："为什么结婚后所有的感觉都变了？""为什么一切不像从前了？"如果你想在漫长的婚姻生活里寻找当初的甜蜜与沉醉，多半要以失望告终。对于这种感情生活里的自然现象，每个人都无法逆转。而大吵大闹或者转身离开，不但无法解决问题，反而会使局面更为糟糕。

婚姻像是一把伞，有了它，风雨烈日时自然舒适无比，但在平平常常的天气里，伞就会是累赘。问题在于人生的风雨总是少的，大多数时间总是平淡的。所以，维护一种美满婚姻的秘诀就是尽力过好那些平平淡淡的日子。

巴尔扎克在《两少妇的回忆录》中写道："婚姻产生人生，爱情只产生快乐。快乐消失了，婚姻依旧存在，且诞生了比男女结合更宝贵的价值。故欲获得美满的婚姻，只需具有那种对人类缺点加以宽恕的友谊便足够。"

婚姻里的女人，应该有足够的智慧使自己的感情生活不那么平淡和乏味。

不管男人们多么威风八面、趾高气扬，在每个家庭中，女人还是核心。家庭气氛的好坏，也把握在女人手里，男人大都有些孩子的心性，给了他们最需要的，他们就高兴了、满足了，女人的法宝，就是给他们最爱吃的"糖"。

当甜言蜜语的说服力不够时，你甚至可以借助一些善意的谎言，来维持你们的感情纽带。

生活中有很多少年得志，腰缠万贯的男人，而你的丈夫可能只是一个囊中羞涩的打工仔。你爱上他不是因为他的存折，而是因为他本身，因为他健康、勤奋、幽默、善解人意而又忠实可靠。虽然现阶段他的确没有给你买房、买车的能力，但当他为此向你道歉，抱怨自己没本事让你受苦时，或许你也可以编出一个善意的谎言："我真的不介意你有多少钱。"

在老婆面前，丈夫总会有些盛气凌人的感觉。突出表现是在和你谈天论地的时候总是喜欢争论，而且一定要分个高下。当然如果是你高他下，他肯定不会stop（停止），他会突然提高音量，只是为了电影中某个角色的演技高低和你较劲。此刻，你提高音量和他针锋相对显然是不明智的，你需要给男人一点面子，哄哄他"你是对的，说得蛮有道理的"。暂时的退让只是为了日后更好地相处，男人总自以为是地认为自己知道一切、控制一切，可真正有实际控制力的是女人，女人总能不动声色地操纵着全局。

我们都希望自己爱上的男人像施瓦辛格一样有一身发达的肌肉，或是像日韩明星一样有一副英俊的面孔，但是这些话说出来无疑会让他伤心悲叹、自惭形秽。不妨告诉他，你喜欢他毛茸茸的啤酒肚，因为它让你在冬天感觉到春天般的温暖；告诉他，你喜欢听他夜里像大灰熊一样打鼾，这样你感觉到安全。如果你爱他，就告诉他你欣赏他的一切，他的缺点就是他的特点，你爱的就是他，他不必为了和你在一起而做出改变。

生活中的摩擦不可避免，女人要明白，一些善意的谎言可以减少矛盾，甚至拉近你与爱人的距离。当然，从小我们受的教育是做人要诚实，但是聪明的女人懂得，善用善意的谎言才会让自己在两性关系中对男人更有吸引力。为了让他更爱你，为了让你们的关系更亲密,你必须给予你的丈夫积极的反馈。

如果你以为这些取悦男人的小伎俩让女人很受委屈,那么我们必须要明白这样一种道理:第一,如果你的老公不是铁石心肠的木头人,他不会体谅不到你的心意,爱是相互的,你给他的,他也会投桃报李;第二,用智慧做你婚姻的润滑剂,归根结底还是为了自己。对于一个女人来说,你创造了天堂,你就是天堂里最可爱的天使;你创造了地狱,你就要永久地忍受地狱里的磨难。

命运私语 婚姻是两个人相互配合才能美妙地旋转起来的舞蹈。在漫长的生活里,男人关爱女人,女人体贴、鼓励男人,都是为了让自己的生活更为和谐和美好。

好的婚姻是女人走上幸福的通道

对一个女人来讲,嫁人是一辈子的大事,如同第二次投胎,实在是马虎不得。女人嫁给不同的人就会拥有不同的身份地位,开始不同的生活。

Part 1
婚姻是命运的新起点，需要谨慎选择和决定

聪明的女人，不必在"干得好还是嫁得好"的争论中纠缠不休，两者同样都很重要，我们需要考虑清楚的只是"什么样的男人才是女人要嫁的好男人"？

当下有一种时髦的叫法，称好男人为"经济适用男"，对于大多数女人，他们就是"嫁得好"的标准。

"经济适用男"的薪水不会高得让人瞠目结舌，但是支撑一个小家庭是没有问题的。他们一般衣着传统、长相温和，最关键的一点是有一技之长，虽然平时不显山不露水的，但却可以给自己的家庭提供长久的保障，让女人感到安心和幸福。

林紫才貌出众，上大学的时候，追求她的人校内校外都有，但不论是面对开奔驰的大款还是英俊多情的校园才子，她一直芳心未动。毕业后，她留校任教，二十八九岁的林紫，正处在成熟知性的年纪，比学生时代又多了一番韵味。在大家都觉得她太挑剔的时候，她故事中的男主人公终于出现了。不过让大家诧异的是，他仅仅是建筑系一位名不见经传的年轻教师。他不但相貌平淡无奇，也没有多好的家世和多雄厚的经济基础，一贯是焦点人物的林紫青睐于他，让所有的旁观者都大跌眼镜，尤其是她的热烈追求者更是感觉愤愤不平。

对于别人的疑问，林紫总是笑而不答，金秋十月，两人热热闹闹地举行了婚礼。

事实证明，林紫的眼光独到。五年后的一次同学聚会中，林紫风韵依旧，她的老公已经在专业上颇有建树，而且是一家大地产公司的幕后智囊团的重要人物，收入和地位都不差。尤其是当大家一致慨叹经济危机中压力大、前景不定的时候，林紫更为事业稳定的老公而自豪。

爱情也需要投资理论来指导，选丈夫就像选股票一样，不能只看眼前的涨落，更要关注它的前景。符合"潜力股"水准的好男人，可以从以下几个方面来衡量：

1.有责任感

"潜力股"男人，天生就有一股想让他生命中的人生活得更好而努力的责任感。这样的男人很容易分辨，比如，在某次聚会或饭局中，当其他的年轻男人们指点江山、表现自己宏图大志的时候，他会默默地为大家服务，帮醉酒的朋友买单，送没有男伴的女士回家，这样的男人才是可靠型的男人。

2.方向明确

看一个男人是不是有潜在的发展前途，要看他对自己的未来是不是有明确的目标和清晰的计划，比如，半年计划、一年计划、三年计划……一个人没有目标和计划，就没有方向感，也就没有希望！有目标的男人，才不会在生活中随波逐流，他们带给女人所渴望的生活的可能性自然也就大一些。

3.专业素质好

金钱有用尽的时候，权势有不灵的时候，唯有才识和技术，才是唯一属于自己的资本。医生、律师等专业人士固然是女人的首选，但一个优秀的技师或者大厨的收入，也可能超过普通白领直追金领族。自古以来，女人嫁给拥有一技之长的男人，都是令父母感到欣慰的选择，听老辈人的话，是不会吃亏的。

4.人际关系好

夫妻之间其实也是一个小社会。一个男人如果能在大的社会关系中表现出理解、礼让、随和、大度等优秀品质，获得大家的认可，那么他在家庭中的良好表现也是可以预期的。而那些口碑欠佳、人缘极差的人，多半有自己性格上的缺陷，在事业上很难成功，更难以给女人带来幸福。

5.身体健康

女人生来就是要被爱的，如果在婚姻生活中一直是由女人来照料男人、爱男人，这是一种美德，但也未尝不是一种苦涩。因此找老公，他的身体状况如何应该放在重要位置。虽然我们不方便找他要完整的体检报告单，但是那种弱不禁风的男人，肥胖得有肉无骨的男人，把郊游爬山当成一次严峻考验的男人，绝不是一个健康的伴侣。他们既不能在男女之爱上给女人以美好的感觉，也不能在生老病死的人生关口相互扶持。如果你和一个体质太差的男人交往，则有必要慎重考虑你们的关系。

女人期望通过婚姻使自己的命运发生翻天覆地的变化，这不是很现实，但是给自己挑选一个好老公，获得幸福安定的生活还是行得通的。在这个过程中，你不能急功近利，在这里需要的是眼光，拼的是智慧。

> **命运私语** 聪明的女人，要干得好，也要嫁得好。富男人是别墅，穷男人是茅草屋，选择他们，要么有住不起的危险，要么有无法遮风挡雨的危险，而那种人品优秀、发展前景好的男人，就是女人住得最舒服的"经济适用房"。

Part 2

有些事儿早点儿明白,人生才不会后悔

很多女人,多年以来对于爱情、家庭、事业等各方面全力以赴,煞费苦心。然而,各种各样的结果,似乎都不美妙,也不理想。

这不是因为她们的努力不够,而是因为她们的眼光只看到了身边一点点的地方,看似努力,实际为忙碌而忙碌,许多人生的关键期,都糊里糊涂地过去了。我们看重过程,也看重结果,抓住生活的重心,才能使你的努力产生与之对应的价值。

善良也要有策略

做一个好命的女人，要有目标，要独立，要尽力维护自己的利益，然而这一切与善良并不冲突。我们所说的善良不是那种没心没肺，对什么人都毫无保留的傻大姐作风，而是真正懂得在具体的事务上对他人宽容，知道为他人着想，不跟他人斗恶。这种善良的女人，她的朋友会比别人多，机会也会比别人多，会活得很放松、很舒服。

女人在社会上生存，如果眼里只有自己，那么绝对不会有幸福和成功的人生。我们要坚持自己的梦想，坚持不懈地为之努力，在自己的能力范围之内，尽可能地去帮助别人。

据说印度圣雄甘地一次到外地办事，上火车时一不小心把一只鞋掉到了路基边上，他想下去拿时火车已慢慢开动了，于是甘地把另一只鞋也迅速脱下来扔到路基边上。别人不解，问他为什么这样做。甘地说："这样别人就能捡到一双能穿的鞋。"听了这话，在场的人都深受感动。甘地之所以深受印度人民的喜爱，就是因为他的这种胸怀。

人是有感情的动物，很少有以恶劣的态度对待别人的善心的人。"付出总有回报"是世间的真理，以友善的心态对待生活，我们就会得到意料之外的收获。这就像你在一片荒地上种树，播下种子之后，尽管我们不能保证每一粒种子都发芽开花，但是只要有十分之一的种子长成小树，也是一种非常可观的收获了。在我们熟悉的民间故事里，"善有善报"的例子比比皆是。世上的人数以亿计，能与我们相逢的都是有缘人。有时候结善缘只需一碗水，结恶缘也只需一句话，那么我们何必吝啬自己的一点爱心呢？帮别人时，得到他人的回报是意外的欣喜，同时也成全了自己的人格和心灵，这绝对是有利而无害的事情。

只是我们要注意，善良更多的时候是一种爱心，如果想凭出色的交际手段或者小恩小惠收买人心，结果往往会令你失望。

茉莉是一个大方的女人，由于家庭条件好，单位的很多同事都得到过她的示好。她抽屉里的咖啡和点心几乎是办公室的公用品，谁有需要都可以自己拿；同事谁的家里有急用，向茉莉借钱她总是爽快答应；救助生大病或者遭遇意外灾难的同事，茉莉捐款捐物总是单位的前几名。但奇怪的是，这样一个热情大方的女人，却没有几个真正的朋友。平日里围在茉莉身边的人很多,但每到关键时刻,她总是显得很孤独。

其中的原因其实还在茉莉自己身上。她思想简单,个性张扬,帮助别人之后,最喜欢在人前表现自己。比如,她经常会说:"大家随便啊,这点东西一百年也吃不穷",或者是"别看他在开会时那副从容自若的样子,向我求助时,不知多尴尬,站了半天都开不了口"。这种话说者无意,听者有心,谁喜欢被别人的优越感贬低呢?对她敬而远之也是情理之中的事了。

用真心去理解别人,比一顿饭、一个小礼物更为重要。人们最看重的还是别人的认同和理解。真正善良的女人,也许给不了他人多少物质上的帮助,但是她们对人不挑剔、不嫉妒,为别人好的境遇感到高兴,对他们遭遇的不幸表示同情,能迅速拉近和他人的心理距离。有同事通过自己的努力,考取了一项专业证书,真正善良的人会说:"你真行啊,那么难考的科目你都过了,真应该请客庆祝一下!"朋友穿了一件新款的衣服,会说:"哟,好漂亮的裙子呀,质地不错,价钱也合适。"有人一时不慎做砸了事情,损失了大笔金钱或者错失了升职的机会,她会说:"出了那么多意外的事,真的不是个人之力可以控制的,不过以你的水平,化解这一时的困难定然没有什么问题。"

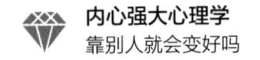

你怎样对待别人，别人就会怎样对待你；你怎样对待生活，生活就会怎样对待你。对人心怀爱心和善念，比付出大量的金钱和物质有更好的效果。

从生理学上看，女人的心多是柔弱和善良的。做一个幸福的女人，保持善良的天性没有任何坏处。而那些喜欢贬低或折磨别人的女人，可以让人屈服一时，但是没有人会甘心接受这种不平等，即使他没有能力与你面对面决斗，暗中破坏的事儿也避免不了，这也就使你前进的道路上布满荆棘。

做一个善良的女人，即使没有得到立竿见影的回报，我们的这种信念也不能动摇。对别人的善心也算是一种投资，如果能不把回报放在心上，说不定好运就会不请自来。

命运私语　一个女人可以没有让旁人惊羡的姿色，也可以忍受"缺金少银"的日子，但离开了善良，却足以让人生搁浅和褪色。女人的善良可以直抒胸臆，更可以包裹上智慧的糖衣，让它具有更甜蜜的效果。

忍耐与努力是获取美好生活的必备能力

中国古代有句话叫作"吃得苦中苦,方为人上人"。在自由和享乐至上的女人群体中,这句话并没有很多粉丝。

但是女人们,请深入地想一下:你决定自己要过什么样的生活的自由从哪里来呢?你所迷恋的美好的物质从哪里来呢?中大奖?继承大笔的遗产?对于大多数女人,这只是一个不切实际的梦。唯一靠得住的还是我们脚踏实地的努力。

某些人看似一夜成名,但是如果你仔细看看他们过去的经历,就知道他们的成功并不是偶然得来的,他们早已投入了无数心血,打好了坚实的基础。

你知道石匠是怎么敲开一块大石头的吗?石匠所拥有的工具只不过是一个小铁锤和一把小凿子,可是这块大石头却硬得很。当他举起锤子重重地敲响第一下的时候,没有敲下一块碎片,甚至连一丝凿痕都没有,可是他继续举起锤子一下又一下地敲,一百下、两百下、三百下,大石头上依然没有出现任何裂痕。

可是石匠还是没有懈怠,继续举起锤子重重地敲下去,路过的人看他如此卖力而不见成效却还继续硬干,不免窃窃私语,甚至有些人还笑他傻。可是石匠并未理会,他知道虽然自

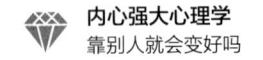

己所做的还没能立刻看到成效,不过那并非表示没有进展。

他坚持不懈地敲击着,一锤又一锤,也不知道是敲了几百还是上千下,突然"啪"的一声,整块大石头裂成了两半。

难道说是他最后那一击,使得这块石头裂开的吗?当然不是,而是他"一而再、再而三"连续敲击的结果。

在女人拼搏出一片天地的道路上,她们会碰到许多类似的"石块",那种无比强硬的庞然大物,可能会给她们沉重的压迫感,然而,它并非是不可战胜的。只要能把自己的时间和精力都放在围绕着实现梦想的不懈努力上,梦想总会成真。

程雪毕业于一所鲜为人知的职业技术学校,只有中专学历。毕业后,她投了无数份精心准备的简历,却连面试的机会都没有得到。

那段日子,她在家里无所事事,只能天天看父母的脸色。在残酷的现实面前,程雪逐渐失去了自信。某一天,她觉得自己绝不能再这样颓废下去了,决定作出改变。

程雪穿上朴素的牛仔裤和白衬衫,到一条繁华的商业街上,挨家去问需不需要用人,终于,她在一家初具规模的湘菜馆找到了前台服务员的工作。程雪负责招呼客人点菜、上菜,几天下来鞋底儿都磨穿了,回到家里累得浑身酸痛。这些困难她还都能克服,最难以忍受的压力来自她的领班。那是个精明能干的中年女人，对程雪非常严格，有时候，明明不是程雪的错，可是领班却当着大家的面指责她，把责任都推到她身上，有些老服务员见状也一起来排挤程雪。为此，程雪不止一次躲在洗手间里偷偷流眼泪，每当这个时候，她就暗暗为自己打气："她们这样做只是害怕别人抢走自己的饭碗而已，而我和她们有着本质的不同。虽然现在我被你们欺负，但是我的目标却不在这里，我只是需要赚钱养活自己，然后做自己喜欢的事。"

抱着这种心态，程雪以平静的笑脸对待繁重的工作和一些同事的刁难，渐渐地，大家喜欢上了这个温柔而坚定的女人，甚至还有人和她交上了朋友。

在这个湘菜馆工作一年以后，程雪已经和当初那个懵懵懂懂的学生大不相同了。在这里，她接触了社会各个阶层的人，学会了与不同的人打交道，对自己的能力和目标也认识得更加清楚。当这个城市里一家做建材生意的公司招聘业务员的时候，程雪转行去了那里。她从每天挤公交车的小业务员开始，一直做到独当一面的销售经理。后来，她依然常去那个湘菜馆，但是却是作为客人在这里安排饭局。

每一个重大的成就都是一系列的小成就累积成的，"继续走完下一里路"的原则对每个女人都适用。当女人们还年轻的

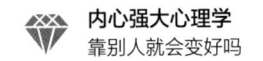

时候，不管被指派的工作多么不重要，都应该看作"使自己向前跨一步"的好机会。

在小环境里的每一次成功，都是为在更大的环境里挑战更高的目标积累条件。"硬着头皮、咬着牙"把你打心眼里不愿意做的事情做得漂亮，将会比你满心抱怨地做完工作有更大的收获。

> 某些女人看似一夜成名，但是如果你仔细看看她过去的经历，就知道她的成功并不是偶然得来的，她早已投入无数心血，打好了坚实的基础。

你的每个选择都决定着今后的路

当在现实中遇到不如意的事情的时候，女人们特别喜欢假设和迷恋幻想。如果当初我能提高成绩，考上一流的大学……如果我当初嫁给了他……如果我还在原来的公司工作……如果我一直持有那一支股票……顺着这些思路理下去，无不是一个花团锦簇的未来。相比之下，眼前的一切愈发显得暗淡无光。

但是无论你愿不愿意，时间依然在流逝，所有我们走过的路，每一步都无法回头。

世上很少有天生好运的女人，机遇只对能够抓住它的人情有独钟。如果你不能作出明智的判断，当机遇出现时，只能与之擦肩而过，失之交臂。美国著名牧师内德·兰赛姆，在94岁临终时留下这样一句遗言："假如时光可以倒流，世上将有一半的人成为伟人。"如果我们可以拥有长者的经验与智慧，拥有年轻人的身体与干劲，那么几乎没有什么是不可能的。可惜的是，人生已过大半的中年人，已经习惯了安稳的生活，害怕任何风吹草动；涉世不深的年轻女人又冒冒失失，经常犯各种各样的错误。尽管我们已经努力过，却很难拥有完美的人生。

20多岁的女人，正处于青春少女向成熟女性的转型期。在这段岁月里，面前的各种可能、各种机会让我们兴奋不已，眼花缭乱之下，很难作出恰当的决断。漂泊的时候，害怕自己到哪里都扎不下根；做着一份稳定的工作的时候，又怕误了许多尝试和发展的机会。和倾心相爱的男人相处时，又担心他有一天会伤了自己的心；守着一个能给自己踏实和温暖的男人，又向往那种魂牵梦萦的爱情。于是，很多女人找不到自己的道路，身边种种繁杂的事务像一个巨大的旋涡，吞噬了她们曾经的梦想和选择的资格。

当你还年轻，还有大把光阴可以塑造自己的时候，没有什

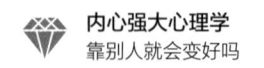

么比保持清醒的头脑更重要。

几个学生向苏格拉底请教人生的真谛。苏格拉底把他们带到果林边，这时正是果实成熟的季节，树枝上挂满了沉甸甸的果子。"你们各顺着一排果树，从林子这头走到那头，每人摘一枚自己认为是最大最好的果子。不许走回头路，不许做第二次选择。"苏格拉底吩咐说。

学生们出发了，在穿过果林的整个过程中，他们都十分认真地做着选择。

等他们到达果林的另一端时，老师已在那里等候他们了。

"你们是否都选到自己满意的果子了？"苏格拉底问。

学生们你看着我，我看着你，都不肯回答。

终于，一个学生说："我走进果林时，就发现了一个很大很好的果子，但是，我还想找一个更大更好的，当我走到林子的尽头时，才发现第一次看见的那枚果子就是最大最好的，老师，请让我再选择一次吧！"

苏格拉底坚定地摇了摇头说："孩子们，没有第二次选择，人生就是如此。"

"挑选最大最好的果子"是我们每个人都熟悉的人生命题。尽管我们都明白，一个人越是心不甘、情不愿，举棋不定，离最大的果子可能就越远，但是在选择的过程中，却依然患得患失，事后往往又后悔不已。

你可以回想一下，在自己求学、求职、寻找爱情的过程中，是否也犯过"一心寻找最大的果子"的错误。在瞬息万变、危机与诱惑并存的现实社会中，更需要我们保持一种平和的心态，远离浮躁，从容选择。面对人生的选择，最要紧的是关注今天。我们的要务不是望着远方模糊的事物，而是做力所能及的事情。

虽然我们常说"条条大路通罗马"，人生的道路原本有很多，但并不是任何一条路都是适合自己的。女人需要理想，但女人不能沉浸于理想，女人想干什么和能干什么是两码事。我们必须在能干的范围内选择想干的事。我们能吃得到的果子，就是最大最好的果子。

"一鸟在手胜过两鸟在林"，这种现实的心态可以帮助女人们从云端落地生根，不至于在因为不知道什么才是自己真正需要的东西时虚度光阴。在每一次选择中，衡量自己的志趣、特长、教育水平和学习能力之后，你可以作出最恰当的判断。尽可能地寻找最大的林子，然后细心挑选一个适合自己胃口的果子，你的成功就拥有了可靠的基础。

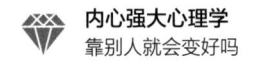

> **命运私语**
>
> 年轻的生命中充满了选择，你的选择不仅和你的心情相关，也和你的命运相关。选择什么样的生活和工作方式，决定权在你手里，而你现在的选择则决定了你的未来。

遇事不要慌，要学会自救

如果说女人是水做的，那么这水应该是充满活力的小溪或者小河，有水的柔和，也有水的韧性。不管有多少波折，多少险阻，水总能以自己沉静的力量，一路奔流到广阔的海洋里。

生为女人，我们的生命中有喜乐，也有悲苦，这对每个女人来说都不可避免。不同的是，心胸开阔的女人，不会因一时的得意而轻狂，也不会因一时的失意而破罐子破摔，把自己的生活推向更为悲惨的境地。

在现实中，女人的"天敌"实在太多了。无情的岁月会使一个花瓣般娇美的人儿，变成体态臃肿、脸上斑点丛生的中年女人；贫困的日子会使一个充满浪漫幻想的青春少女，变成唠唠叨叨、心浮气躁的怨妇。我们无法阻止岁月的流逝，也不能保证自己在生活中事事如意，但是我们可以决定自己以什么样的形象和心态面对生活。

在大家眼里，韩小蕙是个苦命的女人。母亲在她7岁的时候就病逝了，韩小蕙勉强念完了高中，之后就进了当地一家玩具厂当工人。在厂子里，有一位小伙子喜欢上了模样清秀、心地善良的韩小蕙，韩小蕙对他也有好感。谈了一年多的恋爱后，两人高高兴兴地组建了一个小家庭。日子虽不富裕，但是他们很快乐，儿子出世之后，一家人亲亲热热，很让人羡慕。

正当韩小蕙对未来的生活充满希望的时候，丈夫不幸遭遇了车祸，撇下爱妻和正上小学的孩子永远离去了。悲伤之中，韩小蕙意识到日子还要过，即使为了孩子，她也要撑下去。

母子俩的日子更为艰苦了，可是家里却丝毫不见辛酸破败的样子。不太大的小屋，被韩小蕙收拾得窗明几净，母子俩在家，也是有说有笑的，还经常互相出些脑筋急转弯考验对方。吃的东西，韩小蕙也不马虎，即使只炒一盘土豆丝，也要切得细细的，加上胡萝卜丝和青椒丝点缀，偶尔买只鸡，也会做出辣子鸡丁、红烧鸡块、老火鸡汤等不同的花样。

韩小蕙家里，除了单位几个要好的姐妹常来外，很少有闲杂人等上门。曾经有一个已婚的男人以夫妻关系不和为由来接近她，也被韩小蕙客客气气又冷若冰霜的态度吓了回去。私下里，韩小蕙表示，要么找一个清白的好男人恋爱结婚，要么干脆自己带孩子过，决不能陷入那种不明不白的事情里。

韩小蕙的孩子上初中时，她迎来了自己感情上的第二个春天，对方是她儿子小学时的班主任。这位老师因妻子出国离婚多年，在家访时认识了韩小蕙后，就被她深深地吸引，发誓要照顾他们母子一辈子。迎亲的时候，韩小蕙的丈夫西装革履，捧着一大束鲜红的玫瑰，那英俊儒雅的样子，和她的美丽清秀很是相配。

与其说是不幸的打击毁了女人，不如说是女人不好的心态毁了自己。心灵因生活的困窘而得不到舒展，生活中很多美好的事物也统统看不到，这样的女人不是在"过日子"，而是在"熬日子"。对于自己那份收入微薄的工作，做得小心翼翼，唯恐有一天下了岗，就会陷入更严重的生存危机。更谈不上花钱和时间保养自己，与同龄的女人比，这样的女人就会显得非常苍老和憔悴。看看人家的生活，想想自己的处境，心态不好的女人自怨自艾，觉得前途渺茫，周围一片灰暗。生活越来越艰难，性情越来越孤僻，这就导致了一种恶性循环，谁见了都要躲着走。

做精神的贵族，说容易也容易，只要我们在苦难中还能保持自己的节奏，就不会被艰辛的生活吞没。在生活中，我们经常看到这样一种女人：她生活清贫，但家里窗明几净，阳光灿烂；她很忙，但总把自己收拾得清清爽爽，笑容甜蜜；她很累，但喜欢交朋友，谁有事都乐于帮忙。这样的女人，会把贫穷的日子过得有滋有味，而且我们可以断言，她的贫苦只是暂时的，因为她本身就具备过好日子的素质。

有一个大学三年级的穷学生，被一个男生喜欢，同时这位男生还喜欢另一个家境很好的女生。她们都很优秀，男生不知道应该选谁做妻子。有一次，他去那个很穷的女生家里玩，她的房间非常简陋，没什么像样的家具。但当他走到窗前时，发现窗台上放着鲜花——花瓶只是一个普通的水杯，花是在田野里采来的野花。就在那一瞬，他下定了决心，选择那个穷女人为自己终身所依。促使他下这个决心的理由很简单，那个女人虽然穷，却用一份美好的心情来对待生活。将来，无论他们遇到什么困难，他相信她都不会对生活失去信心。

对于每一个女人来说，出身、环境乃至某一段人生的遭遇，都不是我们能选择的，我们唯一可以控制的，就是自己的心态。如果女人能拥有一颗宁静广博的心，就不会因为环境的压力而灰心，不会因为眼前的困苦而沮丧。有好心态的女人，不论是生活中还是工作中，都有随时碰到好机会的可能。

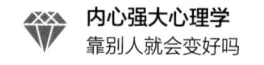

> **命运私语**
>
> 女人的生活可以过得很辛苦,却不能过得辛酸破败。我们不能保证自己在生活中事事如意,但是我们可以决定自己以什么样的形象和心态面对生活。

你的品位决定你的生活状况

有很多女人认为,好命要靠自己辛苦的打拼,多劳多得,慢慢为自己的命运之城添砖加瓦。这种想法有其积极意义,却还不够全面。好的命运来自努力,也取决于你对自己的自我认知。要知道,一个人受到的待遇与自己的表现密切相关,如果周围有很多人抬举自己,那么我们也会变得信心十足。但如果自己都不善待自己的话,无论在何时何地,都不可能受到别人的礼遇。品位其实也是一种资产,有很多人就是因为看起来卑微寒碜而失去了绝好的工作和成功、发财的机会。

人们都有一种普遍的心理特点,谁越有实力,就越有吸引力,大家都以与其交往、与其合作为荣;谁若天生扶不起来或者正在走霉运,大家都有意或无意地躲着他,好像与其走得太近，就会连累自己。以此为出发点，我们无论做什么，都要先撑起门面来，任何时候都不能让外界看轻了自己。世上的事就是这样，你想要在这个世界上树立起怎样的形象，争取到怎样的身份地位，就必须拿出像模像样的匹配表现，树立起在大家心目中的形象来。人们也许会同情弱者，怜悯弱者，却绝不愿意与他站在同一条水平线上。

生活中会有这样一种女人，她们的出身不见得有多好，职位也不见得有多高，却一直坚持高雅而有品位的生活，举止文雅，待人彬彬有礼。长此以往，在周围人的心目中，她就是一个有修养、有格调的人，大家对她的态度自然不敢过于随便、敷衍。后天贵族的资格，就是这么培养起来的。

谈到这里，有些女人也许会说，要是我也开名车、逛名店，自然也能培养起不凡的品位。而现在迟到一分钟就要看上司的脸色，吃个饭都急匆匆的；买个化妆品，也要反复掂量，对那些国际化的大品牌，还要有视而不见的定力。如此这般，哪里还有闲情逸致讲品位呢？

是的，我们不得不承认，品位有时候来自金钱的滋养，但是这不表示囊中羞涩的女人，一定就要过那种低级的、没有情趣的生活。我们可以暂时没有钱，但不能没思想，我们完全可以按照自己的条件，创造出一种让人刮目相看的品位生活。

有一对小夫妻，都是农村出身，大学毕业后在城市里找了一份薪水微薄的工作，一切都要重新开始。他们在一个僻静的小区里，租了套一居室的房子。房东是带家具出租的，除了床柜桌椅之外，还有一些不知哪年置办的相框、藤篮等装饰品。这对夫妻只留下了几样实用的家具，剩下的东西他们帮房东打好包，请他放进了库房里。他们自己动手粉刷了房屋之后，又买了几个大大的陶土花盆，养了几盆舒展大方的赏叶植物，沙发上随便放几个手工靠垫，两本时尚杂志，气氛马上就出来了。到过他们家的同事，都待得很舒服，根本没有注意到他们的居住环境多么局促。因为住在自己一手打理出来的房子里，他们很快找到了"家"的归属感。

这家的女主人，在衣着打扮上也很有一套。她买的衣服不是很多，但是却常在报纸杂志和网络上"看衣服"，所以品位一向很好，穿着时尚大方。上班穿的衣服，是她所有衣服中质地最好、价格也相对昂贵的。她认为，每天工作8小时，没有理由不穿得整齐漂亮些。这不但会给同事或者客户一种信任感，自己也感觉很有精神。

如果说男人的生活品位还和他的经济条件密切相关的话，女性的品位则更多地来自她的生活智慧。事实上，也不是花了钱就能提高生活质量，只要设计得当，你完全可以在保持简约的同时过上很有品位的生活。

总是庸碌繁忙地过日子，会给人一种很没有情趣的感觉。平日多接触一些如登山、网球、游泳等休闲的运动，学会演奏一样乐器，有几首拿得出手的歌，在聚会中表现一番。至于听歌剧、看画展，真正能领略其精髓的人又有多少呢？你可以不喜欢它，但是有必要了解它，即使仅仅作为一种谈资也是好的。

想象一下，一个外表清新大方，有见识，并且能和各个阶层、各种类型的人找到共同语言的女人，她的前途怎能不光明呢？

命运私语 有钱不等于有品位，同样，也不是说生活环境差、地位低的女人，品位也跟着低人一等。女性的品位更多地来自她的生活智慧，只要设计得当，自然就能体现出不凡的品位。

价值观是衡量幸福的一个标准

有句话叫作"下等人认命，中等人知命，上等人造命"，

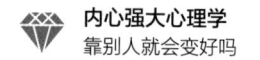

每个女人会得到怎样的生活和命运，不靠生辰八字，不靠出身背景，种什么样的因，就会结什么样的果。

有很多年轻的女人，努力工作、认真生活，按说应该得到命运的馈赠，但是她们只是日复一日地奔波劳碌着，即使已经从单纯可爱的美少女，慢慢变成了皮肤不再光润、眼睛不再闪亮的中年女性，却依然拿自己的时间和精力换生活，没有属于自己的可以牢牢地捧在手心里的东西。

她们的错误在于眼光只看到身边一点点的地方，为饥饿而吃饭，为漂亮而穿衣，为感觉而恋爱，为薪水而工作，许多人生的关键期都糊里糊涂地过去了。

对于一个女人来说，拥有一个聪慧的头脑，看到长远利益而做出正确的选择，才是获得好命的关键。

女人的一生要面临无数次的选择，有一些是小选择，比如，买什么样的衣服，周末到哪里去玩，这样的选择对你的人生不会产生重大影响。但是还有一些选择是相当重要的，比如，做一份什么样的工作，和什么样的人结婚，这些选择很大程度上决定了一个女人的一生，它们都是具有转折性质的关键点，选择好了，一生都会很顺利，选择不好，可能要走许多弯路。

在女人自己挣钱的今天，你的事业其实就是你命运的重要组成部分，事业做得好，即使不能赚大钱，起码可以保证衣食无忧，过上一种安稳的生活；在与爱人的亲密关系中，职业女性有更多选择，前进一步可以和他比翼双飞，后退一步可以很好地照顾自己，无须为了生活委屈自己。所以不管怎么说，女人要把事业当成一生的大事来经营，把获得"可持续发展"作为最高目标。

有两个女人，毕业后应聘到同一家公司做行政工作。她们都算是可造之材，在2年之后，处理起各种业务已经游刃有余。这时候，第一个女人打听到同行业、同职位的工资水平，要比自己的公司高出两成，于是，她有了些想法。在出色地完成了一个宣传项目之后，她找到上司要求加薪，被以"与公司制度不合"为由拒绝了。她心里很不服气，私下里找到另一位女人，鼓动她共同跳槽。第二位女人摇摇头，提醒她多比较一下不同公司的实力、背景、人员素质、发展空间后再作决定。但是第一位女人决心已定，不顾上司挽留选择了离开。

几年之后，两人再见面时，第一个女人说她如今已经跳了三次槽，现在能拿5000元的月薪。可她并不知道，她走后公司刚好有个外派机会。第二个女人到美国学习培训了半年，回来后素质有了很大的提高，早已被提升为部门经理，年薪达到十多万元。

工作是为了赚钱,这是谁都不能否认的事实。但是赚钱并不是工作的唯一目的,一个人如果只为薪水而工作,没有更高远的目标,就会错失很多好的人生选择。一个以薪水为个人奋斗目标的女人是无法走出平庸的生活模式的,也很难有真正的成就。虽然工资应该成为工作目的之一,但是从工作中真正能获得的东西是钞票不能取代的。

试着请教那些事业成功的人士,他们在没有优厚金钱的回报下是否还愿意继续从事自己的工作?大部分人的回答都是:"绝对是!我不会有丝毫改变,因为我热爱自己的工作。"当你为工作倾注了足够的心血和精力时,金钱的回报只是其中的一种,能力的提高,发展空间的扩大,是隐形的,但也是最有价值的回报。

追求幸福人生的女人,一定都有一个明确的奋斗目标,懂得自己活着是为了什么,因而她的所有努力,从整体上来说都围绕一个比较长远的目标进行,她知道自己怎样做是正确的、有用的,也知道怎样做是无用功,怎样做会浪费时间和生命。显然,成功者总是那些有目标,并且不会轻易为一时的得失迷了双眼的人。

女人在明确了自己应该走的道路之后,会感到心里很踏实,生活很充实,注意力也会神奇地集中起来,不再被许多繁杂的事所干扰，干什么事都显得成竹在胸，可以最大限度地发挥自己的潜力。

女人幸福的人生的获得，在于懂得什么是对自己最重要的东西。我们要树立起这样的观念：第一，做好自己的事，把工作当成生活的总纲，用它带动起自己的物质生活和感情生活；第二，做事业要做长线，把收益放到一个大的、长远的环境里衡量，先扎下根，再收获它的成果。

命运私语 很多女性之所以不幸，就在于她们只是随波逐流地过日子，因饥饿而吃饭，为漂亮而穿衣，为了感觉而恋爱，为了薪水而工作。因为人生的方向不明确，许多繁杂的生活琐事，使她们一天天疲于奔命，荒废时光。

Part 3

内心越强大，越能掌控自己的命运

　　20几岁的女人更容易受消极的心理暗示的影响，当有些事情自己无能为力或难以改变时，就把它归结为命运，并不思进取，不敢尝试，心甘情愿地囚禁在命运的魔咒里。

　　好命的女人，也会有陷于困苦之中的时候，但她们不会被这个临时性的身份束缚，在她们心里，"过好生活"的决心不会有丝毫动摇。正是因为这一份信心，使她们拥有了一种可以改变现实的神奇力量。

关键时刻只有自己能够拯救自己

我们在生命旅程中,常会有陷入各种危机的时候。在困窘之中,女人最容易惊慌失措,强烈希望能有人帮自己一把,最起码也要有个强健的臂膀可以依靠一下。小时候,她们会求助于父母、师长,成年后又会寄希望于爱人、朋友,女人总以为自己能从别人不断的帮助中获益。

女性的依赖之心,很容易削弱自己的潜能。不要总是依赖别人,把一切希望都寄托在别人身上,而要依靠自己解决问题,因为每个人都有许多自己的事情要做,别人只可能帮你一时却帮不了你一世。所以,靠他人不如靠自己,最能依靠的人只能是你自己。

2007年4月4日,我国香港华懋集团主席、亚洲女首富龚如心病逝,享年70岁。她的突然离世,对香港乃至全国的地产行业产生了极大的影响。很多行业人士都对她的病逝感到震惊,在他们心中,龚如心永远都是年轻的,是一个有"40岁的外貌,20岁的心境"的女人。

龚如心的一生都和华懋集团连在一起。1962年，龚如心和丈夫王德辉在香港联手创办了华懋。在他们的苦心经营下，华懋的事业蒸蒸日上，逐渐向世界级大公司迈进。

1990年，龚如心的丈夫王德辉被绑架，行踪石沉大海，杳无音讯。丈夫失踪了，然而，夫妻俩苦心经营的华懋集团依旧存在，并且需要一个足智多谋的企业家来管理。物是人非的惨淡场面，使得龚如心悲恸不已。但是伤心欲绝的龚如心看到华懋集团业绩有所下降时，她就暗暗告诉自己一定要把夫妻俩一手打造的事业发扬光大。于是，龚如心将自己的感情放在一边，鼓起莫大的勇气，开始肩负起管理华懋集团的重任。

面对着大家争执不休的怀疑，龚如心没有替自己作过多的辩解。她觉得事实是最好的雄辩，在成绩未出来之前，一切解释都是徒然的。承受着先生失踪风波的压力和家族财产的纠葛，龚如心依旧兢兢业业，坚守自己的岗位，不久便显示出运筹帷幄的手段。几年后，华懋集团非但没有衰败，反而比丈夫王德辉在位时更具有蓬勃发展的朝气，更具有影响力。这不由得令人对这位精明能干的女总裁竖起大拇指，同时也给那些曾经怀疑龚如心能力和用心的人以狠狠的反击。

人的一生，很少能一帆风顺地从头走到尾。遇到挫折和打击并不可怕，重要的是当你正遭遇挫折的时候，你在想什么，你在做什么。犹太教牧师古许纳在他的畅销书《好人遭受不幸时》中说："我们必须摆脱那些以过去的痛苦为中心的问题，例如'为什么发生在我身上'之类的问题，改为提出展望将来的问题，例如'既然这件事已经发生，我该怎样应对'。"

女人遭遇困境的时候，就是正在面临命运的转折点的时候。这时候，一些女人整天悲悲切切，用愤怒和抱怨宣泄心中的惶恐。其实这对你的困境没有丝毫帮助，这样做只会使自己的心情越来越糟糕，头脑越来越混乱，进而一败涂地。而另外一些女人，则坚信自己的力量，她们相信生活总会好起来，总有一天自己会走出低谷。当你可以正视困苦的时候，会发现它其实并不像想象中那么可怕，即使是一团乱麻，也可以慢慢理顺。

一个女人只有在自身的层次逐渐提高，在生活中验证了自己的力量之后，才能真正改变自己的命运，并且影响身边人的看法。

世上没有比独立自主更有价值的东西了。如果你试图不断从别人那里获得帮助，你就难以保有自尊。如果你决定依靠自己，独立自主，你就会变得日益强大。

女人能够获得外部帮助只是一时的幸运。从长远来看，外

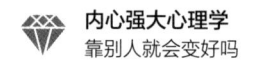

部的帮助常常是祸根，就像没有经过磨砺的双脚难以抵达理想的山峰，当他人不能给予自己依靠的时候，无法行走的人只能独自吞下这枚苦果。

女人要记住的是，上天的恩赐不能保证你的好命，别人——即使是你至亲的帮助也不能保证你的好命，关键时刻，无论如何都要靠自己撑起来。

命运私语 女人不要总是依赖别人，把一切希望都寄托在别人身上，而要依靠自己的力量解决问题，因为每个人都有许多自己的事情要做，别人只可能帮你一时却帮不了你一世。

每个人的命运都该由自己来掌控

在五光十色的现代生活中，似乎每一天都充满了传奇。某个女人通过选秀节目一夜成名，出演了一部大制作的电视剧，成为炙手可热的新星；某个女人仗着有三分姿色，终于钓了一个"金龟婿"，做她的富家太太去了；某个女人买汽水的时候捎带着买了一张福利彩票，谁知却中了500万元的大奖，连亲戚朋友都跟着沾了光。这些故事听起来让人眼红，恨不得这种好运气，明天就降临在自己头上。

事实上，这却是一种非常危险的想法。如果一个女人把命运寄希望于"意外"而非"努力"，那么她往往会与好命无缘。因为这样的女人在面临可以改变人生的机会时，往往只会看到它金光闪闪的一面而忽略了其中可能存在的问题。比如，她们可能会把自己的青春、名誉都押在某一个人、某一件事情上，而忽略了对自己资历的积累和能力的锻炼，一旦外面的力量靠不住，就会败得很难看。还有些女人有欲望而没胆子，她们会找一些"碰运气"的途径来满足这种心理需求，如买彩票、赌博等。尽管这些途径成功的概率非常小，但只要有一丝机会，她们都愿意去尝试。到头来，许多大好时光就在一次次希望、等待、失落中消耗掉，除了长了年纪、多了皱纹之外，她们什么也没等到。

如果你梦想着有一个美好的未来，就要像一个真正的成功者那样去生活。只有通过自己的辛勤耕耘收获果实，才可以放心踏实地享受。

李素素出生在一个偏远的小镇，一直到上大学，才真正看到了大城市的繁华。从大二开始，班上就有一些女人和校外有钱的男性来往，因为有人资助，她们穿的衣服和用的物品都很贵重、很流行。她们自己很得意，也有很多人羡慕她们。李素素天资聪颖，成绩优秀，很受老师们的喜欢。一位老师怕这个聪明漂亮的女人也随波逐流走向一条平庸之路，就提醒她说："生活中的诱惑是很多的，如果你分辨不出什么是正确的，什么是错误的，那么可以设想一下，如果你这么做，十年之后是什么样子，就知道自己的方向了。"

老师的话让李素素一下子警醒起来，于是她把自己的时间都用在了学业和一些积极的社团活动上，不久后成了一位优秀的学生干部。快毕业的时候，李素素向老师说自己准备申请奖学金出国留学。老师肯定了她的想法，又提醒她说："为了获得你所希望得到的东西，首先，你要学会放弃很多东西。到国外去，你可能会有一段时间感到孤单、寂寞，在学习交流上会遇到障碍，生活不习惯，种族歧视的问题也时有发生，需要有很大的决心和毅力才能坚持下来。对这些你都要有思想准备。"现在的李素素，已经完全没有刚入学时的迷惘，她愉快而坚定地告诉老师："如果能够在不好的环境中找到学习的机会，我想我依然是幸运的，因为每一天我都在进步。"

4年之后，当李素素学成归来，成为一家跨国公司的高级职员时，她当年那些风光一时的女同学，要么嫁了一个各方面条件都差强人意的丈夫过着不咸不淡的日子，要么已经变成了一个无所事事的怨妇，把时间都用在诅咒比自己更年轻的女人身上。

我们每个人的生活道路都是不同的，在学业上的成就显然不是女人唯一的追求。但是无论世事怎么变，总有一些核心的东西是不变的，不管是求学、打工还是自己做事业、经营自己的小家庭，如果一个女人尊贵的位置是靠自己的双手挣来的，那么这种运气对于她就十分牢固，没有谁可以轻易将其拿走。相反，如果一个女人的成功是依靠外力的推动，那么她就不是自己的主人，她的运气始终都是一个美丽的肥皂泡。

静下心来，好好想一想自己真正想要的东西是什么吧！然后我们才不会放任自己去走弯路。在这个世界上，绝对不会有不劳而获的事情，所以在选择前，一定要先考虑清楚自己必须付出的代价。

女人可以容忍自己暂时落后于别人，因为只有坚持到最后的成功才是真正的成功。即使现在的你因为外貌和实力不足而被周围的人所忽视，你也不必放在心上，因为这些都是可以改变的。女人的青春短暂，而智慧却是长久的，可以信赖的。

不论你现在处在怎样的环境和位置，"过好生活"的态度都不要有丝毫动摇。只有以现实为依靠，女人才不会放弃梦想，也只有拥有梦想，才能让现实生活变得有弹性和活力。如

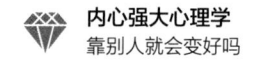

果期待美好的生活，那就要立刻在心里勾画出自己想要的未来，让自己的行动，一直围绕着自己的梦想努力。

命运私语 从小到大，如果女人在自己的人生路上能更多地做主，并且按照自己的意愿做出的事多数是正确的，那么，她已经具有主宰未来人生运势的力量和资本。

你的内心暗示着你的运气

旧时的女性，差不多一辈子都在心甘情愿地为别人付出，丈夫、孩子、卧室、灶台，就是她们的全部生活。这里，有社会环境的影响和压力，女性自己也认可了这样的命运，她们的想法是：生为女人，就是这样的命，除了这些，我还能干什么呢？

现代社会的环境和条件，给了女人空前的机会，可惜的是，一些女人在这个自由的世界中，依然有着陈旧的、怯懦的思想。

有一位护士，大专毕业，在一家大医院工作，形象、气质、修养都挺好，追求她的男孩很多，其中不乏优秀者，但是她一概拒之门外。后来，她不顾家人和朋友的劝阻，找了一个各方面都不强的丈夫。熟悉她的人对此都很不理解。他们婚后的生活很不幸福，夫妻间没有共同语言，丈夫教养差，动不动还打她。她整日以泪洗面，一年后伤心地离了婚。

她本可以避免这场注定没有好结果的婚姻。为什么她执意要选择一个糟糕的男人呢？其根本原因是她对自己的外貌很不自信。

她小时候在一个北方的小镇长大，在周围人的眼里，浓眉大眼、体态丰满的女人才是漂亮的，她的纤巧清秀一向没人欣赏。慢慢地，她就真的认为自己长得丑。如果别人说她漂亮，她就认为别人是在说反话，嘲笑她。在这种心理压力下，她认为优秀的男孩、好的机会根本没有自己的份儿，人生之路也就越走越窄了。

谁会希望不幸降临到自己头上呢？但是，仔细观察那些生活不幸的女人，就会很轻易地发现她们都是自己选择了不幸。

因为对自己的容貌、能力和前途没有信心，她们对于自己向往的东西不敢去争取，对于自己不满意的东西，总是一再忍耐。

一见到熟悉的人，她就开始叹息自己既没有男人缘也没有

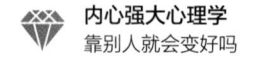

事业运，久而久之，朋友们渐渐疏远了她。一天又一天，她无精打采地面对生活，自然也就得不到好的回馈。

好运气从来只青睐将满腔热情投入生活的人，从消极的心理暗示中丢掉的东西，女人可以通过积极的心理暗示找回来。

一场大水冲垮了一个女人家的泥房子，家具和衣物也都被卷走了。洪水退去后，她坐在一堆木料上哭了起来，为什么她这么不幸？以后该住在哪儿呢？城里的表姐带了东西来看她，她又忍不住跟表姐哭诉了一番，没想到表姐非但没有安慰她，还斥责起她来："有什么好伤心的？泥房子本来就不结实，你先租个房子住段时间，再盖间砖瓦房不就好了！再说你够幸运的了，幸好来的是洪水，不是地震，不然的话，你还有命吗？"

不幸的女人，从来只看到自己的不幸，却不问自己得到了什么。在消极暗示的深渊里不断沉沦，心情越来越低落。想要打破这种"不幸"的咒语，需要先卸下心理的包袱，变得成熟稳重，像周围人一样去承担自己的责任，投身到自己热爱的生活中去。不要总提起自己遭遇的不幸，要知道在这个世界上有很多人比你还不幸，只要能够抬头看到阳光就是幸运的，那些生活中的挫折比起一个人的人生只不过是一个再小不过的插曲。生活的痛苦与快乐都是我们可以选择的，为什么要让自己沉溺在痛苦中呢？

我们的身边有这样一类女人：她们一开始，只是站在很低的台阶上，仰望别人的好运气，但她们并没有因此气馁，外面的精彩世界成了她们拼搏的动力。虽然也有遇到挫折想放弃的时候，可是一想到自己一直所向往的生活，就又勇敢起来。

信心是一种心理状态，如果通过反复不断的确认，你相信自己会得到想要的东西，然后传递到潜意识思维里，它就会为你带来成功。

如果你认为自己魅力十足、人见人爱，你的眼睛会散发出迷人的光彩，行动会更优美，语言会更富有感染力，像磁石一样吸引身边的人；如果你认为自己有能力承担一切，面对挫折阻碍时，你的心里就是明亮的，不会被灰暗的情绪所干扰，不会轻易动摇。只要你努力了，社会一定会给你以公平的回报，不要抱怨生活，否则，只能证明你没有真正去努力。事情再难办，只要我们一点一点朝好的方向努力，总有一天会叩响幸运之门。

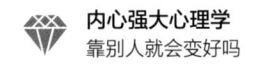

> **命运私语**
>
> 积极的心理暗示是女人好命不可忽视的内在力量，那些怀疑自己外貌和能力的女人，总是低着头。而心里充满自信的女人，会选择冲到幸福的前排。

不必在意缺陷，因为每个人都有

人们描述一个男性的时候，强调的是他的地位，描述一个女人的时候，强调的是她的容貌。尽管这有些不公平，却也是一种难以改变的现实。容貌是女人在社会上生存的重要资源之一，这也不怪女人们大都将容貌当成自己的第二生命。

由于审美标准太严，要求太高，女人们对于自己的容貌，很少有完全满意的时候。很多千娇百媚的明星，也不惜一次次整容，拿手术刀在自己的身体上作画。平凡的女人就更不用说了，每天早晨站在镜子前，不用问魔镜，也知道自己不是天下最美的女人。皮肤不够细滑，眼睛不够大，鼻子不够挺，身材不是太高就是太矮，体态不是太胖就是太瘦，总之，造化弄人，缺陷总是太明显。

照照镜子，对不满意的地方皱皱眉，耸耸肩，然后注意力就转移到自己正在做的事情上，这不失为一种健康的态度。如果总是对缺憾之处耿耿于怀，就会破坏我们的快乐生活。容貌与生俱来，从呱呱坠地便成定局。对于先天已经注定的东西，我们应当自然地接受它们，尽可能地让自己喜欢它们。

外貌条件并不能使你尽失美丽，但沮丧则会使你失去更多的魅力。女性之美是由多方面的因素构成的，而自信是其中极为关键的一点。

"喷得出火焰的性感女神"玛丽莲·梦露在当时的美国乃至世界都开创了一个"MM"（玛丽莲·梦露）时代，她是每个男子梦寐以求的"该死的女人"，也是每个女人的模仿对象。

提起梦露的性感魅力，很多人会想到她的花容月貌以及性感身材，仿佛她的一切都完美无缺。其实这里有不少误解，梦露的先天条件并不是十分完美的。她的身高只有1.62米，体型有些胖，腿也有些短，只有胸部比较丰满。梦露有着清醒的头脑，深知自己形貌上的优、缺点。她有着点金术般的秘密武器，能让自己的独特气质自然地表现出来。她舒展大方的动作，洋溢着一种活力，散发一种神奇的魅力，她那愉快的表情和朗朗的笑声极富感染力。她认为："美不是人工的产物，只

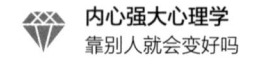

有天然和自发的美，才具有吸引力。"

当人们被一个女人自信的魅力所感召的时候，即使她外形上还存在着这样或者那样的缺陷，也会成为一种独一无二的迷人特征。

这个世界上本来就没有十全十美的人，每一个人在外貌方面，都有着独特的气质和优点，只要学会将自己的优势凸显出来，你就会拥有自己的亮点，也自然会有一份独特的吸引力。

按照中国人传统的审美观点来看，著名模特吕燕并不是一个美女：小眼睛、大颧骨、塌鼻梁、厚嘴唇、满脸雀斑。少女时代，吕燕对自己的容貌感到自卑，经常弯腰佝背走路，给人的感觉是一个驼背的丑女人。在一次偶然的机会，中国顶尖时尚造型师李东田发现了吕燕独特的美，他说："我第一眼看见她，就有震撼的感觉，她的面孔很少见，特别国际化，不同凡响，尤其她身上透出那种同龄女人少有的自信和坚忍，让人一看就知道这是个supermodel（超级名模）的料。"

吕燕走到了巴黎、米兰、伦敦等国际大舞台上，整个人发生了脱胎换骨的改变，生命的光彩全部焕发出来。曾经的丑小鸭变成了让人惊艳的东方美女。

女人无法弥补上帝造成的缺憾，却完全有可能将缺憾塑造成自己独一无二的特点，接受它，喜欢它，让缺憾也变成一种美丽。

有了这种态度，现实中许多曾经压迫过我们心灵的包袱也可以放下了。卑微的出身是一种缺憾，却可以使女人体验到更为真实的人生，锻炼自己的能力；亲人的生离死别是一种缺憾，却可以让女人更为珍惜眼下的生活，在平淡之中发现打动人心的真情；缠绕终身的病痛、身体不可逆转的损伤是一种缺憾，但是只要还能看到灿烂的阳光和家人的笑脸，女人就没有理由消沉。只要心灵之中没有残缺和阴影，我们就已经具备了好命女人的基本条件。

> **命运私语**　不完美的外貌条件并不能使你尽失美丽，但沮丧却会使你失去更多的魅力。女人要学会将自己的优势凸显出来，打造自己独特的吸引力。

不要过分追求完美和公平

女孩们大都有完美主义的倾向，她们总是下意识地渴望自己的出身、容貌、工作、家庭都达到尽善尽美，而那些不尽如人意的地方，就成了她们难以除去的心病。

女人有追求是好事，但总是踮着脚尖生活就会破坏我们对于生活的幸福感和满足感。心理学家告诉女人，追求完美的人大多有一种自我保护的渴望。每一件事情都想做得完美无缺、无可挑剔的人，并不一定是生活的强者，相反，她们只是想躲在完美这把"保护伞"下，维护自己脆弱的自尊。

小涵上高中的时候，班里从外地转来一位女同学，她的名字叫孔祥春。她的到来，打破了小涵一直以来考第一名的神话，因此，两个女孩开始较上了劲儿。

不久后，小涵发现，孔祥春不但成绩好，性格也开朗活泼，学校有什么唱歌、演讲等活动，她总是积极参加，表现都很出色。而且小涵还隐隐听到同学议论，说孔祥春的爸爸就是新调来的孔副市长，孔祥春是这个城市名副其实的"公主"。想到自己开杂货店的父母，小涵不禁有些伤心。她知道，自己从家庭到个人表现和孔祥春比总是差了一截。于是，小涵加倍努力，把时间都用在学习上，功夫不负有心人，高考后，她非常顺利地进入北方一所著名的工科大学的应用化学专业学习。孔祥春发挥却有些失常，只进了一家师范学院的外语系。直到此时，小涵才暗暗地松了一口气。

但是上帝却偏偏爱和世人开玩笑，毕业之后，因为专业太冷门，再加上个人性格的原因，小涵的工作并不好找，最

Part 3 内心越强大，越能掌控自己的命运

后勉强在一家公司的技术部门做了名小职员，所学的东西用不上，每天只是打杂跑腿而已。孔祥春却是天生的幸运儿，她一毕业，就凭着流利的英语和出色的形象，当上了省电视台的少儿节目主持人，成为一颗引人注目的新星。同学聚会时，她挽着英俊儒雅的丈夫一起出场，让众多的女同学羡慕不已。

小涵从小就是一个心高气盛的女人，在与孔祥春的对比中，她一次次受到深深的打击，心情非常低落。一次偶然的机会，她在电台上听到一个心理辅导的节目，忍不住拨通了电话。听了小涵的倾诉，声音温柔悦耳的女主持告诉她："你一直在追求一种虚幻的完美，越是难以达到，越是不懂得放弃。你为什么总是和身边最幸运的人比较呢？现在你已经大学毕业，有稳定的工作，有广阔的前途，年华正好，身体健康，你多年的努力，已经得到了回报啊！"小涵一时无语，突然意识到，孔祥春的阴影，正是自己多年的枷锁，自己单向地比来比去，人家可能只当小涵是一个普通的同学，想一想，真是没有必要。把注意力转移到自己身上之后，小涵发现，可做的事情其实很多，幸福其实一直都在触手可及的地方。

在生活中，有些女人是幸运的，她们小时候在父母无微不至的呵护中长大，成年后又顺理成章地投入好丈夫的怀抱。即

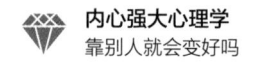

使已人到中年，依然是一副风雨不侵的单纯模样。有些女人，却很早就尝到了生活的艰辛，感情之路也充满波折。这是不是有些不公平呢？是，但这个世界是不存在绝对的公平的，我们应该做的，就是在已有的基础上盖自己的房子。

心平了才能气和，只要女人不放弃朝好的方向努力，那么这种不公平就会逐渐缩小，如果女人做得出色，就有超越自己当初梦想的可能。这时候回头再看，你就会有一种创造命运的满足。

对于那些钻了"完美"和"公平"的牛角尖儿的女人，应当尽快地从那些不切实际的诱惑中摆脱出来。首先，要对自己的能力有正确的认知。不要拿自己的短处与人竞争，而是要在自己的长处上培养起自尊、自信和生活的兴趣。要重新认识"失败"和"瑕疵"。

不必为了一件未做到尽善尽美的事而自怨自艾。没有"瑕疵"的事物是不存在的，盲目地追求一个虚幻的境界只能是徒劳无功。

这个世界太大了，总有一些地方你终其一生都无法到达，总有一些梦想你竭尽全力也不能实现。女人应学着善待自己，放自己一马，毕竟宇宙大千，没有十全十美的事。凡事量力而为，尽己之心，健康平和又知足的生活，才是对自己最好的安排。

> **命运私语**　在女人的世界里总有很多不公平存在,即使你的心再善良和执着,现实也不会因此而改变。因此,女人要学会多作明智的选择。

出身无法选择但命运可以改变

一个女人出生在什么样的家庭里,以一个什么样的形象面对这个世界,将要在什么样的条件下开始自己的童年生活,这一切,都是上帝送给她的最初的身份。人生的第一次定位,包含着许多我们无法掌控的因素,而你的最终命运如何,则要靠你后天的努力。

好的出身,只能说是女人获得好命的良好起点,而不是决定性因素。在现实中,历来都有沦落街头、任人欺凌的千金小姐,也不缺乏"飞上枝头变凤凰"的贫家女。有一个很有趣的小实验,生动而准确地表明了出身与命运之间的关系。

在一个夏令营里,组织者给了全体营员一个新奇的概念:三餐吃饭要分成三个等级,上等人只有很少数,中等人占全体营员的三分之一，其余多数是下等人。上等人吃饭是在豪华漂亮的餐厅，那里有高档的设施和美味的菜肴，用刀叉吃西餐。在那里用餐的人都不由自主地显得彬彬有礼，男生像绅士，女生像淑女，言谈举止无不透出良好的修养和不俗的品位。中等人呢，却要拿着托盘自己排队去打饭，属于快餐性质。没有汤喝，只能喝瓶装水，更不要说饭后甜品了。饭后他们还要清洗自己的托盘和餐具。下等人就更惨了，大家开始吃饭的时候，他们中的一部分要先侍候上等人，另一部分在餐厅里当服务员，随时把脏了的桌椅抹干净，以保持餐厅的卫生。还有一部分人要给就餐者表演节目，上等人点了什么歌，他们就得唱什么歌。

那么三等人是怎样产生的呢？营会组织者先把全体营员分成了9个小组，第一天，每个小组选派一个代表抽签。笔筒中有一根上等签，三根中等签，其余全是下等签。抽到上等签和中等签的小组，第一天就自然成了上等人和中等人。但是以后就要凭借每个小组当天的表现来决定第二天的身份待遇了。每天晚上，大家都要开大会讨论决定第二天的三等人。想当上等人的小组必须拿出当天他们的成绩和表现作证据，说明自己配得上当上等人。

营会指导员解释说：第一天凭抽签决定，这意味着每个人

Part 3 内心越强大，越能掌控自己的命运

的出身都是由不得自己的。但是最初的身份远远不是你的终生身份，以后的路还很长，就靠你自己走了。你需要凭你自己的能力打天下，改变或者优化你的身份。这时你的社会地位、你的角色改变就是自己基本能够把握的事情了。

在现实的社会中，人也是分等级的，当一个人在生活的磨砺中慢慢适应了自己的身份，安心按照这个身份的眼光看问题、做事情时，他就已经很难突破身份的局限了。女性生来性格柔弱，对抗意识不足，更容易被"下等"生活打造成一个彻头彻尾的"下等人"。也许有很多独立的职业女性对这种说法并不认可，但这并不表明她们有信心与命运对抗。比如，有一个贫苦的农妇，对于城市大商场里那些叫得上名字和叫不上名字的日用品，表示"那些东西，不是我这样一个苦命的女人可以享用的"。城市的女性就会想："那是很普通的东西啊，做一份平常的工作，拿不多的一份薪水，就完全可以消费得起。"那么，再想一下，那些更高的职位，更多的薪水，更大的房子，更漂亮的衣饰，又是为谁准备的呢？你是不是认为自己能力的发挥已经到了尽头，世界上许多好东西都与自己无缘呢？

对前途的憧憬、命运的选择，往往由于我们这种畏怯心理，成了女人"好命"的障碍。而事实上，对于一心向上的女

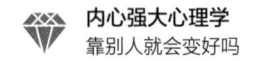

人，命运的绳子是不可能把她束缚起来的。

中央电视台节目主持人方琼，在台上的表现清新自然，一举一动都落落大方，于是许多人猜测方琼一定是个受过良好教育的大家闺秀，从小就接受了艺术的熏陶。而事实上，方琼在十几岁的时候就失去了父亲。她的妈妈只是一个普通女工，却要供养她和姐姐这两个孩子，小时候，她们生活得非常艰苦。长大后，方琼当过兵，从事过幼教工作，做过广告人。在方琼看来，每一次角色的转换，都是一次历练。尽心尽职地做好眼下的工作，随时瞄准更高的台阶，一步一步，方琼最终走到了阳光灿烂的今天。

人间有很多不美好的东西，能接下来、撑下去才是本事，若总是把辛酸痛苦之态挂在脸上，也许能换来一些廉价的同情，但对于我们的前途终归于事无补。

女人出生于一个贫寒困窘的环境中不可怕，可怕的是她们习惯了这种生活状态，慢慢失去了改变自己人生的动力。女人应该勇于追求更好的职业、更好的待遇、更平等的关系。"当你伸手去摘星星的时候，也许一颗也摘不到，但至少你不会抓一手泥。"

命运私语

你的过去和现在,都不等于你的未来。世界上种种美好的东西,都是为有进取心的女人准备的。永远不要认为自己的能力已经发挥到了尽头,永远不要屈服于"命定"的社会等级。

Part 4

保持美好形象,做一个走到哪儿都受欢迎的人

在这个世界上,你不是最聪明的女人,也不是最漂亮的女人,但是你完全可以做到比聪明的女人漂亮,比漂亮的女人聪明。如果这样,你眼前的机会就会更多,可以利用的资源也会更多。

女人可以把握住漂亮,但你的情趣、谈吐、姿态等,可以为你天生的容貌加分,让你做一个后天的美女;女人可以把握住聪明,但知道自己的性别优势,在不同的场合,不同的人面前表现得不失分寸,就能为自己争取到最大化的利益。

适当矜持，不要太过主动

在这个时代，爽快、果敢而泼辣的女人越来越多，那种以含蓄内敛为美的女人，看起来似乎有些落伍了。在男人与女人的感情世界里，女性主动示爱甚至"倒追"的情形并不少见，当年在小S徐熙娣和许雅钧、张柏芝和谢霆锋之间，都上演过女追男的好戏。这些女人有情义、有个性的行为赢来了不少旁观者的掌声。

女追男并非坏事，但是明星就是明星，她们的行事作风，对于天下众多的女性没有多大参考价值。主动的女人，往往是有她自己的资本的，万人瞩目的名气、鲜明的个性再加上貌美如花的外形，男人最终缴械投降也是情理之中的事儿。准备"学习、学习再学习"的后来者，就要掂量一下自己的资本了。

何蓝在一家房地产公司上班，有个大她四五岁的男同事，英俊、有才气，又总是一副彬彬有礼的绅士模样，公司的女人大多对他青睐有加，何蓝也为他着迷。

何蓝先是给他发暧昧短信表示好感，接着又主动约他吃饭。开始那帅哥不为所动，何蓝就穷追不舍，每天一下班就守在单位门口等他，就这样，虽然他们越走越近，但除了逛街时牵她的手之外，这个男人就跟"五好男人"一样，不肯越雷池一步。

与此同时，他对公司另外一个女孩似乎有了好感。何蓝有点着急了，她明白一个道理——先下手为强，后下手遭殃。

机会很快就来了，在公司的年终聚会上，何蓝故意多喝了点红酒，然后让帅哥开车送她回家。到了她租住的地方，何蓝腿软得上不了楼，帅哥只好连拖带抱把她送上去。

那晚之后，何蓝正式成为他的女朋友，公司其他喜欢他的女人，只能以艳羡和嫉妒的眼光看着这一切。那一刻，她很得意，也很满足。

此后他们的关系进展不错，同出同进，俨然一对小夫妻。但是半年后，帅哥跳槽了，同时也提出了分手。何蓝虽然是思想很新潮的女人，但这对她也是一种不小的打击。

过了两年，何蓝在超市遇到旧情人。他已经结婚了，太太长相一般，但是看起来一副很温柔文静的样子。何蓝实在看不出她比自己强在什么地方，更不知她有什么魔力可以收服男人的心。

在男女情爱中，最普遍的真理是，男人的动物性强一些，女人的植物性强一些，蝶恋花是正道，花追蝴蝶，就有点颠倒乾坤了。男人的动物性，表现在他们更喜欢通过追逐和进攻获取自己的猎物，如果直接把食物送到他们嘴边，他们会感觉不爽，也就谈不上珍惜了。

美国影片《偷心》里有一个情节，女主角问男主角他为什么疯狂地爱着另一个女人，"是因为她成功了吗？"男主角回答说："不，是因为她不需要我。"

男人就是这样，你越高高在上，他就越顶礼膜拜；你越不冷不热，他越知难而上；你越神秘，他越好奇；你越被动，他越主动；真要有一天，你在他面前一览无余了（无论是肉体还是精神），他反倒摆出一副大功告成的样子，准备鸣金收兵了。

对于中国的男人来说，他们更喜欢含蓄、内向型的女性。开放型的女人虽然可以朋友遍天下，但在绝大多数男性心中，她们只可为友却不可为妻。所以，当你对某个男人热情似火时，首先要有这样一个心理准备："女追男隔层纸"，他可能无法拒绝你的诱惑，但这不代表他会从此为你停留。如果你不介意只在他的生命里做一段插曲，那么你可以选择主动接近他，谈一场快餐式的恋爱；如果你想做主角，想得到长久的爱

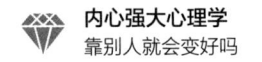

情,那么还是矜持一些为妙。

别担心这样会使你错过了好男人。假如他是你的同学、朋友或者同事,那么你们的缘分长着呢,何必急于一时。即使是一个漂亮的女人,如果在一个男人眼里缺乏自持的话,她也会显得平庸。相反,即使你外表不是很出众,你有礼有节的风度和自信的态度,也会让他相信你是一个魅力四射的女人。最聪明的做法,是以其他名正言顺的理由接近他,让他发现你的优点,然后,你可以稍稍拉开你们之间的距离,吊足他的胃口,唤醒他进攻的欲望。假如你和他只是在咖啡厅、酒吧或其他一些公共场所偶遇,主动搭讪是不够明智的。在你还不了解他的性情和背景的情况下,主动就是冒失。更重要的,在这种场合结识的女人,很难得到他的珍重。天下之大,好男人很多,你不妨只当风景看看,不必飞蛾扑火似的给自己找罪受。

好命的女人,可以主动去爱,但不应太主动地"示爱",即使你们之间的一切机会都是你在暗暗推动,至少在表面上,也要让他感觉自己是一个进攻者。

命运私语　　那些性格开放,喜欢主动向异性示爱的女人,乍一看是很受男人欢迎的,但是她们的地位也仅仅停留在"受欢迎"的层面。男人对于自己费尽千

辛万苦追到的女人，才会倾注更深的感情。

任何时候都别忘了自己的身份

钱的魅力太大，所以有些女人，一看到有钱人，立即头脑发热，脚步发飘，浑然忘记了自己"美女"的身份。

女人的"眼光"说到底是她给自己的定位，是在人前呈现出的姿态。女人最忌讳做路边的野花，迎风点头笑，谁都好伸手摘得。这是自行贬价，再美也是枉然。对男人，一旦抱着"因为你喜欢我，我便感激不尽"的心态开始第一场约会，就意味着把自己降格为一朵野花，除了招蜂引蝶，不会有更好的作为。

要做一朵高贵的玫瑰，首先你要有玫瑰的作风。成功男士需要爱情，但他需要的爱情是有一定分寸的。

如果你是一个爱上有钱男人的好女人，那么，建议你和他真诚、坦率地交往，就像和其他朋友一样，不必太拘谨，也不必太有目的性。

在衣着装扮上，穿适合你风格的衣服才是最重要的。如果

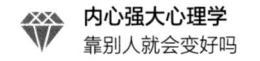

你拿不准自己属于什么类型或者自己的喜好总是在改变，那么走淑女路线最为稳妥。清淡优雅的颜色，简约的款式，最能体现出女性的修养和自信。切不可只为了吸引他的目光，而把自己装扮成一只开屏的孔雀。并不是所有的有钱男人都喜欢像女明星一样有耀眼光彩的女人。所以，在你决定以暴露、夸张的装扮给对方一个注意你的理由时，你最好有100%的把握——那正是他所欣赏的着装。否则，他会认为你是一个缺乏自信、品位不高的肤浅女人。

也许你已经在心中祈祷数年，希望自己找到一个有钱的老公，但是无论如何，你不能主动给他"买钻戒""如何筹备婚礼"之类的提醒。那样只能加深他的疑惑：我们才约会几次，她就暗示我求婚，莫非她有什么其他目的……瞧，这个男人就这样被你的热情吓跑了。

"送我上楼"和"来我家"式的邀请更是糟糕。这些话常常会产生歧义，对女性来说，邀请男性到自己家中小坐，绝大多数情况下并不是一种性的暗示，而是一种友好、信任的表现。但是男性却可能误解。如果你不想让你们的交往过程中出现尴尬的场面，那还是在你家门前礼貌地告别为好。

过快地将两人的关系带进实质性阶段是非常不明智的做法。虽然你的做法可能出于真情，但是对方却会对你的人品有所怀疑，他会认为你和任何人都很随便，或者你不遗余力想和有钱男人"搭上"。肉体关系当然可以使恋爱关系有质的改变，但是没有坚实情感基础的肉体关系往往难以持久。

你越是接近他，越要保持自己的风度。如果交上了有钱的男朋友，就表现出不可一世的样子，对男友的下级雇员和"穷朋友"都瞧不起，甚至以男友的名义向他的下属下达命令，好像你已经是某某夫人了。这样的言行会给人以小人得志的不良印象，众人的不满之辞一定会传到你男友的耳朵里。如果有一天他突然提出和你分手，你可别怪别人破坏你们的关系。

虽然经常有一些杂志刊登，富翁们的太太如何会花钱而使他们的丈夫产生了更强烈的挣钱欲望云云，但还是建议你不要急于效仿。催促他为你买这买那并不能让他感激你给了他工作的动力。事实上，他会以为你只是一个喜欢不劳而获的女人，至于要不要与你"牵手"，他可要掂量掂量了。

追求丰裕的物质生活并没有错，所以，当你遇上一个令你心仪的好男人时——请注意是好男人，一定要珍惜。但是，和有钱男人交往时一定要沉得住气，你的浮躁只会令你们的感情越走越远。总而言之，有一句话你必须要牢记——他和你没有什么不同，你们是平等的。

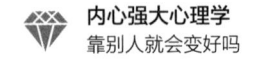

> **命运私语**
>
> 一般来说，事业成功的男人对自己身边的女人总是保持一点戒备之心：她和我交往的目的是什么？是不是只对我的金钱、地位感兴趣？所以，那些刚刚找到"金龟婿"的女人，表现得越热情，越容易犯一些低级错误。

别因为爱而降低了生活品质

从根本上说，女人的好命，在于自己对生活的认识和对命运的把握，至于遇到了什么样的人，经历了什么样的事，只能使她的命运曲线产生波动，却不会影响它最终的走向。

当我们正式走向社会，从女生、女人变成独立的职业女性之后，下一步，按照固定的模式，应该是碰到你的真命天子，建立起自己的小家庭。

这中间的路，有的女人走得很顺当，该怎么样就怎么样，一切水到渠成。有的女人却鬼使神差一般，由于各种原因，总是晚一步，慢半拍，不知不觉间，就保持了单身。

好在现在的社会环境包容性很强，对于各种不同的生活状态，大家都持理解态度，而单身者的烦恼，主要还是来自自己的内心。

一般来说，大龄单身者往往属于综合素质不错的一类——最起码，她们在经济上是独立的，不必理会"嫁汉嫁汉，穿衣吃饭"的老旧观念。所以，她们最主要的问题是期盼团团圆圆的家庭，是难以融入婚姻的孤单，是在明亮的镜子里看到自己第一道皱纹的焦虑。30岁就像一个生命阶段的指标，仿佛即将面临一场考验，结婚与否，成家还是立业，面对这样一个命运的关口，选择的是否正确，将对一个女人下半生的幸福起着至关重要的作用。

做好命的女人，最主要的是要对自己的人生负责，无论什么时候，都不能丢掉"过好日子"的信心。单身女性——也包括正处于离异状态的女性，着急是无济于事的，乱嫁是愚蠢的，绝不能产生破罐子破摔的心理，为结婚而结婚。

越来越多的女人认为，男人绝不是她们生活的全部，充其量只是生活的组成部分。相对而言，这些女人更重视事业和自己。即使没有固定的男朋友也没什么大惊小怪的，单位里有几个携手打天下的同事，下班后有几个喝茶逛街的闺密，生活一样可以过得有声有色。

男人的分量轻了，工作在我们生命中的分量就可以重一些。工作是经济独立的象征，也是单身女人参与现代生活的一种方式，单身女人在工作中获得了满足感和成就感，在不断的进取和成绩中获得肯定和自我完善。

在个人生活上，单身女人有足够的自由和时间。这种美好的状态可以使一个人活得更精彩。

作家林清玄在《生命的化妆》一文中说到女人化妆有三个层次，第一层化妆是涂脂抹粉，表面上的功夫；第二层化妆是改变体质，一个人一旦能改变生活方式、保证睡眠充足、注意运动和营养，她的皮肤就会得到改善，显得精神充足；第三层化妆是改变气质，多读书、多欣赏艺术、多思考、对生活乐观、心地善良。独特的气质与修养是女人美丽的根本所在。

很多人相信高档护肤品，但事实上，无论如何鼓吹深层清洁效果的护肤品都无法做到完全清洁。只有通过运动加快血液循环和出汗，才能达到深层清洁的效果。

运动是女人的活力之源，它具有美容健身的功效。事实上，运动的作用不只于此。运动所带来的新陈代谢，可以让女人的心态也变得年轻。各种保持形体的健身法数不胜数，随便尝试一种，只要坚持下来都会有效。

单身女人最忠实的情人应该是书籍，把书作为自己进步的阶梯，才能一直保持自己的魅力，不同时代脱节。网络已经成了我们生活中重要而快捷的信息获取渠道，虽然它带给我们许多的便利，但我们只有警惕它的负面影响，不沉迷网络，才算真正用好了网络。

但是调查却显示75%的人上网主要是聊天和打游戏，这两种东西是最消耗时间和健康的，工作之余握着鼠标，盯着屏幕，一不小心，网络就覆盖了你的全部业余生活。赘肉丛生，时光流逝，错过身边的风景，走入幻觉。越沉迷，越空虚，你所失去的东西将远远大于你的收益。

单身女人不应头脑一热就同居。先不论同居在道德层面上的好坏，一个没有婚姻保障的女人，整日做着柴米油盐的活儿，有碍于事业的发展和自身的进步。

单身女人如果能过好自己的日子，保持健康自信，保持乐观活力，何愁凤凰不主动飞过来？

当然，从个人角度来说，永远不要丧失对爱情的信心，弄明白自己的Mr.Right大致分布在什么地方，时常过去走走看看，比如，朋友的公司、高级住宅小区、高级健身中心、各类充电学习班……都是你应该格外留意的场所。不要给自己的爱情预设太多的条条框框，要知道有些时候爱情是毫无道理可言的。

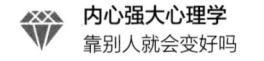

只要你不太苛求挑拣，摆正心态，正确面对生活，与你匹配的他迟早会出现。说不定下一秒，你就在街头拐角处与他相遇。

命运私语 对于目前处于单身状态的女人，单身只是一种暂时的生活状态。这时候你一定要把握好自己，过一种清爽健康的生活。

时刻保持良好的形象，才能抓住每个机会

我有一个闺中密友，是一家地方晚报副刊的编辑，长期以"职业美女"自命。她星期天在家大扫除，也要先化个淡妆；下楼买个盒饭，衣服鞋子也要先搭配好。我们笑她太摆谱，她说："不，机会总是在5秒之内降临，没准儿我会在电梯里碰到一个人间少见的帅哥呢？"

这是一句戏言，却至少表明了一些女人的生活态度：对自己的形象不敷衍、不马虎，尽可能地使自己的生活精彩起来。

做美女的意义，在于对追求理想自我有驱动力，永远不懒懒散散地混日子。这样的女人，年轻时青春，年老时优

雅,"穷困潦倒"四个字任何时候都和她们挨不上边儿。事实上,即便是在普通的工作和持家中,那些衣着得体、容颜干净漂亮的女人,都很有一套方法。她们心中有自己的原则和长远的规划,处理起任何事情来都有条不紊。对自己用心的人,自然会更了解自己,知道自己的长处,从而获得自信。

学会化一个适合自己的淡妆,对于大部分女人来说都非常重要,即便我们没有足够的美丽,但是我们可以有足够的精致。

化妆的目的在于强调脸部的优点、掩饰缺点,并提升自己的气质。当和人接触时,如果别人看到的是你那张暗淡无光的脸,即使你在其他方面都表现得很出色,也算不上一个完美的社会人。

当女人还年少无知的时候,她们对于化妆没有太迫切的要求,随便穿身T恤牛仔裤,背个双肩包出去,一样青春靓丽,光彩照人。25岁是一道分界线,25岁一过,仅仅靠化妆已经无法保持完美的姿态,皮肤保养和减肥也需要逐渐提上日程。

在西方,肥胖的人被认为是"欠缺自我管理能力,因而没有资格成为管理者"。社会生活中,过度肥胖者在很多方面都

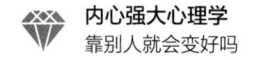

会受到不利的对待。

如果先天条件不够，不容易拥有一副好身材，那么保持优美的体态还是可以做到的。没有赘肉的生活，是拥有坚强精神的生活。不被食欲这一强烈欲望所左右，不放纵自己，坚持运动。优秀的品格便包含在这种自我节制的生活态度之中。

按照以上原则修炼，在某种程度上，你已经擦亮了自己的生活。最后应当补充的一点是微笑。

美丽的微笑需要发自内心。微笑时，牙齿微露，双唇轻启，嘴角微微向上弯翘的同时会带动面部肌肉完全舒展，容颜也就更加动人。因此，人们常说微笑是女人脸上永恒的化妆品。

"回眸一笑百媚生"，说的就是女人笑容的魅力。然而，笑容的魅力并不仅仅限于此，女人的笑容背后还往往孕育着坚实的力量。它能以温柔的方式化解人生中的各种寒冰，能指引你到达光明，领略生命的最美境界。

如果你经常微笑，你的心情就会好。长期多次重复的表情，就会在你的脸上留下一些痕迹。如果你想今天为明天的魅力做点什么的话，那么你就要尽量保持乐观情绪，你的面部表情也会慢慢变得柔和美丽起来。那种最温柔的杀伤力，从此会一直伴随着你。

聪明的女人应该明白，优美是一种可以学习、可以发展的素质，只要你愿意，就完全可以为自己的外形做主。在电影《窈窕淑女》中，奥黛丽·赫本饰演的少女伊莉莎，就成功地由一个出身贫困的女人，经过学习脱胎换骨，变得魅力非凡。脱胎换骨变成美女的故事不是神话，只要具备了美感的表露技巧，谁都可以做到光彩照人。

在实际生活中，也许我们离那种"时代美女"的距离还有点儿远，但这并不妨碍我们为自己界定一个有高度的标尺，以此检查自己，督导自己，严防因精神的萎靡而带来的前途黯淡。

命运私语 女人的外表充满魅力，不仅会得到周围人的好感，还会被重视、被注目，从而能够大方自信地行动，表现也会更出色。

有趣味的人走到哪里都受欢迎

有些女人五官也很标准，身材也很苗条，可是给人的感觉

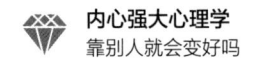

总是很"生硬"、很"麻木",擦不起感情的火花来。她们所缺乏的是一种生命的情趣。

女人的情趣是提升魅力的法宝。一个有文化、有修养、有情趣的女人,其魅力可保持终生。

很多人也许会误会,认为没情趣的女性就是那些无知无识的乡下妇人,事实上,情趣更多地表现为一种生命的张力,当一个高贵的知识女性被一种刻板的生活所包围,被一种不变的形象所束缚时,在她的生命里就会出现枯燥乏味的迹象,如果不作出调整,生活的情趣将离她越来越远。

《飘》的作者玛格丽特·米切尔当年是《纽约时报》的一位版面负责人,她每天应付的就是应接不暇的稿件,对它们挑选、组合、排版,一天到晚工作总是满满的,心中的厌倦感与日俱增。

她非常重视自我形象,请专门的形象设计师为她设计形象,尽管在大家的眼中她确实是个既漂亮又能干的女强人,可她总认为自己身上似乎少了一些东西,却又不能把它确切地说出来,因而她对生活也开始丧失兴趣。

后来,在一位朋友的苦心开导之下,她最终决定休整一下,外出度假,度假地点就在科罗拉多大峡谷。

当她度假归来后,她的同事们发现她像是换了一个人一样。一天到晚总是轻松愉快的,也不再浓妆艳抹,专门的设计师也辞退了。而她的形象却似乎更加光彩照人,一种平淡自然的味道总伴随着她。

大家向她打听到底发生了什么事促使她改变,她微笑着说:"我是带着一种失望的心情去度假的。可当我一下飞机看到那峥嵘荒凉的群山,苍茫辽阔的大地时,我的心一下就被感动了。我似乎又做回了以前的那个乡下姑娘,肆无忌惮地在田间跑来跑去,一切的一切对我来说都是那么新鲜有趣。"

"我光着脚在河边抓鱼,与朋友一起驾车打猎,每天可以睡到自然醒,没有任何规定需要遵守,甚至我还披头散发地跑来跑去,我认为那样的形象最适合那时的我,因为这与大自然贴得最近。这就是自由。"

接触一种不一样的生活,可以让女性发现自己,更加喜爱自己,然后以更加充盈的活力与魅力面对自己的未来。

更多的女性会选择独身旅行的方式度过自己的闲暇时光。她们认为单独旅行不仅能处处摄取新知,更是一种自我探索的过程。与陌生的外界相对,绝对能够培养自律,训练自信,感受生命的完整。只有更多地感受生活形态,才能明白自己真正适合什么样的生活。在与大自然近距离的亲密

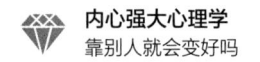

接触中，女性的自我疗愈能力将增强，心灵将愈加健康而自由。

为了不让自己的魅力枯萎，女性朋友在开阔眼界的同时，可以选择不同的方式为自己充电。关注时事、关心环境、了解政治、接近人文，新世纪女性应拥有热切求知的好习惯，书籍、电影、信息光碟、网络将是她们最好的伙伴。知识与智慧、美貌与才情兼备的女人会充满活力与信心。

女性保持一些健康的嗜好，会使自己的生命具有一种真实的感染力。当你喜悦地、专注地去做一件事的时候，你的存在才会有特色，你自己才会更有自信。有魅力的人首先要有特点，不然怎么能显出你卓而不群呢？其实你爱干什么都行，只要你能干出点特色来就成。

可以爱的东西多的是，可爱的小把戏也多的是，比如，欣赏音乐、搞特色收藏、插花、手工等，你学什么都可以，只要肯用心就行了。只要你平日多用点心，从身边简单的事情做起，就能慢慢培养自己的兴趣和品位。

专注做事情的女人是美丽的。

情趣不是附庸风雅，而是通过善待自己、充实自己，而自然培养的一种与众不同的吸引力。

Part 4 保持美好形象，做一个走到哪儿都受欢迎的人

命运私语 每个青春洋溢的女人，看起来都是那么清纯可爱。但是等她们变成成熟的女性时，有魅力的女人和没有魅力的女人之间的差别却非常之大，年轻的女人着意栽培自己的情趣之美，是让自己永葆魅力的最重要的秘诀。

Part 5

让自己有价值，才能尽情过好一生

　　未来的世界是强者的世界，女人可以有杨柳一般柔弱的外形，但内心却不能这般柔弱。好东西都是靠竞争获取的，女人要做现实生活的积极参与者，而不是"看客"和"观众"。

　　很多女人都有做事被动的缺点，不愿"往前排站"，这会使她们失去很多本来属于自己的东西。女人如果想在自己的生活中获得更大的收益，就应该大大方方地展示自己，让那些可能影响你命运的人发现你、赏识你，从而改变自己命运的走向。

除了你自己，没有人可以阻止你的脚步

大多数女人做事情时，缺少一股冲劲儿。比如，她们要涉足一个新行业或者开始一个新项目时，如果有人说"这里面风险太多，很多人都曾经失利"，或是"这个难度太大，希望很渺茫啊"，那么她们很可能会打退堂鼓。最低限度，也要翻来覆去地问自己："他们都说不行，是不是就有不行的道理，我可别盲目行动啊！"

真的不行吗？行不行要用实践来检验，没有尝试过，甚至前期的准备工作还没做就放弃了，多么可惜啊！

"人活一口气"，一旦我们失去了自信，就违背了自己的本性，不敢肯定一切，人生也就没有了根。于是，我们会消极、迷惘，不知道自己该干什么，一遇到不利于自己的形势，就会畏难发愁，甚至逃避，结果，无论多么好的机会摆在你面前你都抓不住，终究一事无成。

生活就是这样，有时决定你成败的不是能力的高低，而是你是否有信心，是否有一股一往无前的勇气。

邓亚萍这个名字在我国可谓家喻户晓。她是乒坛的"大姐大",打起球来出手快,攻势凌厉,左推右挡,势不可当,往往几回合就把对方制服了。

邓亚萍4岁多时便表现出一种"铁娃"本色,平时拼拼打打从不哭闹,并且玩什么都格外专注。这些都被在河南郑州市体委任乒乓球教练的父亲看在眼里,喜在心头,认定她是一块搞体育的好料。于是,父亲因材施教,开始精心地培养自己的爱女。

一晃5年过去了,邓亚萍在父亲的培训下,乒乓球技术已达到一定水平。为使她能得到更多的培养,父亲将她送到河南省乒乓球队去深造。然而,去后不久,邓亚萍被退了回来,理由是个子矮,手臂短,没有发展前途。这在邓亚萍幼小的心灵上留下了一道深深的伤痕。令人欣慰的是,在父亲的鼓励下,倔强的邓亚萍并未因此一蹶不振,相反,她练得更加刻苦,并发誓有朝一日一定要拼出个样子来。

机会终于来了,1986年是邓亚萍人生发生重大转折的一年。那一年,年仅13岁的她,临时顶替河南省代表队一名生病的运动员参加全国乒乓球锦标赛。赛前教练们对她并不抱有什么期望,要她顶替上场纯粹是为了不使该队"弃权"。出人意料的是,这个名不见经传的矮个子姑娘竟然接连击败了耿丽娟、陈静等当时很有名气的国手，一举登上了冠军的宝座，爆出了此届乒乓球赛的最大冷门，成为一匹引人注目的"黑马"。

赛后，这位曾被判为"无发展前途"的小姑娘，成了当时国家乒乓球队副教练、女队主教练张燮林手下的一名弟子。从此，邓亚萍在中国体坛的圣殿里将那股在逆境中练就的"铁娃"本性表现得淋漓尽致。经过多次大赛的历练，其运动水平大大提高，最终登上了国际乒坛女霸主的宝座。

邓亚萍有一段描述自己心理感受的话很感人肺腑，她说："我并不相信命。每个人的命运都掌握在自己手里。有人说我命好，为世界乒坛创造出了一个常胜将军的奇迹。我觉得我可能天生就是打乒乓球的命，但上帝不会将冠军的桂冠戴在一个未真诚付出汗水、泪水、心血和智能的运动员身上，我自己满身的伤痕就是证明。体育运动之所以魅力无穷，一个重要的原因就是它充分展示了人类不屈服命运、永不停息向命运挑战的精神。"

人生最可怕的是自己不相信自己能行，被动地接受命运加诸于身上的一切。生活中的困难和阻力随时都在，说你"不行"的声音也随时都有，这些都不重要，重要的是你怎样认识自己。

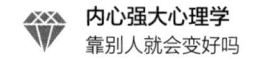

每一个不甘平凡的女人,都不应该被别人的论断所左右而放弃自己的追求。即使是平常的生活,我们依然需要有面对外界压力的勇气。

别人的眼光和议论,你不必太在意,我们何必在意那些属于我们生命以外的东西呢?如果我们一直活在别人的目光里,那么属于我们自己的人生还有多少呢?我们应牢牢把握的只有生命本身。

毕竟我们是在属于自己的人生道路上昂首挺胸地一步步走着,只要认为自己做得对,做得问心无愧,就不必在意别人的看法,不必理会别人如何议论自己的是非,把信心留给自己,永远向着自己追求的目标,坚定地走自己的路。

> **命运私语**
>
> 一个人是"行"还是"不行",不取决于别人怎么说,而是看自己怎么做。总是战战兢兢,等别人给自己打分的女人,成就再高也有限。

社交与沟通中藏着成功的机会

在生活中,你会看到有些女人并不具备可以称道的背景,专业技能也算不上出类拔萃,但是她们所取得的成就,却是一些基础条件优越的女人所无法取得的。当然这里面有多方面的原因,但是有一点绝对不可忽视,那就是她们可以信任和托付的关系更多,也更懂得如何与人合作。丹尼尔·戈尔曼在其畅销书《情商》中指出,复杂的思考、沟通和社交技能在生活中取得的成果,常常比传统的智力和职业技能更多。

越是在男人成堆的地方,女人的交际手段越能发挥重大作用。某心理学家曾提出:"男人的成功一般是通过实际的竞争取得的,而女人的成功则往往是通过交际联络取得的。"女人应善于运用你这方面的优势,但同时也要注意,过分的优柔和周旋,有时也会误事。发挥自己温柔、机敏、富于亲和力的一面,有时候只需要寥寥数语。

江春晓原是一个地方电台的见习记者,后来应聘做了一家大企业的部门主任,薪水和待遇都很让人羡慕。认识她的人都知道,她相貌普通,又没有傲人的学历,那么她如何在数十个应征者中脱颖而出呢?

原来她在接到面谈通知时,立刻找人了解了这家企业创办人的生平经历。

她发现这位企业负责人早年进过牢狱。她还了解到,该企业的大老板在出狱后,从一个路边的水果零售店做起,后来涉

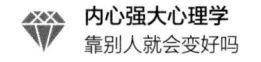

足建筑业,最后才有了现在的大企业。

江春晓将这些不足为外人道的事暗记在心。她在面试时说:"我很希望为这种组织健全的大企业效力,听说您当年只身南下闯天下,由一个小小的水果摊开始,到今日领导万人以上的企业……"

那个大老板觉得自己的牢狱生涯不堪回首,所以从不愿提起过去。不料江春晓能避开那不光彩的一面,直接把出狱后的创业和他南下闯天下连起来,让他名正言顺地说起了他的成功史,不知不觉超过了面试时间,老板甚至感到意犹未尽。

当你的个人力量还十分弱小的时候,一次良好的合作机会,会给你事业的发展提供有力的支持。请教和拜托别人意味着不走弯路,更加高效地解决问题。因此,女人如果想在自己的人生中获得更大的收益,应该学会主动与外界进行有效的沟通。事实上,不仅仅是在你的职业生涯中要与人合作、互利互惠,女人在人生的许多转折点,都需要借助他人的一臂之力。

美国成功学大师托尼·罗宾斯在一个名为"命运之约"系列讲习班上告诉大家:"如果你将目标当作秘密,那么你就会失去很多机会。"

托尼将学员们分成了几组,让大家各自说说今年的最大梦想或目标。当所在的小组集中在一起时,安妮塔犹豫着说道："我想写一本关于女性投资的书，叫《精明女人理财之道》。"10分钟后，当小组成员都散开后，一件不可思议的事发生了，一个叫维姬·圣·乔治的女人轻轻拍了拍安妮塔的肩，她说："我刚才听你说想写一本女性理财的书。我与托尼一起工作了10年，我现在自己经营了一家写作公司。我想和你合作，帮助你把这本书写出来。"

3个月后，安妮塔与维姬合作，在她的帮助下完成了这本书的写作计划，这个计划发挥了举足轻重的作用，使安妮塔赢得了全美最有名的出版代理商的青睐。

事实上，主动绽放你的微笑，伸出你的双手，是交际艺术的一个重要方面。在参加聚会的时候，留心观察一下，你会发现有一种现象：重要的人总是先主动介绍自己。人与人之间的相互交往、相互合作往往是从一次愉快的谈话开始的。

现在的女人早已走出了封闭式的小家庭，在社会上和形形色色的人公平竞争、开创自己的世界。古人云："在家靠父母，出门靠朋友。"无数事实证明：你的专业本领往往只能给你带来一种机会，而交际本领则可以给你带来百种、千种机会；专业本领只能利用自身能量，而交际本领则可使你借用外界的无限能量。认识到与人合作的重要性，主动争取与强势力量合作的机会，是女人走向成功的一条捷径。

> **命运私语**
>
> 一个机灵、能说会道的女人要比只会傻笑的女人更受人喜欢，女人在与人相处时，要尽早摆脱学生时代的青涩，要敢问、敢说，会与人打交道，这样才能获得更大的收益。

展现出你的修养和智慧

在女性面前，男人的情绪很容易被调动起来。每一个女人天生都具有无穷的魅力，只要你有意识地发挥它，就能成功吸引异性，也能让同性对你表示友善。随着时代的改变，现代女性可以不只扮演冰山美人，板着面孔，也可以善用与生俱来的女性魅力，与男性和平相处。和谐的氛围再加上本身的实力，会使你的人生之路平顺得多。

但是值得注意的是，以自身的女性魅力化解矛盾和利用美色获得成功完全是两码事。女人的好命，是以获得更好的生活为原则的，如果为了一时的利益而丢掉了自己的立场，那就是舍本求末了。

卢小姐虽不是百分百漂亮，可在她所工作的某汽车集团写字楼里还是颇为出众的。虽说只是一个办事员，可她常常在老总面前晃悠，不时地给老板的杯子里加点水，露出妩媚的笑容，这自然引起了一些领导的注意，便不时地带她出入社交场所。然而，她对其他的同事却没那么热心了，还常为工作上的分工和配合闹矛盾，因此人们对这位"红人"颇有异议。可她却不在乎，因为她得到了其他同事得不到的好处——单位出境的名单里常有她，出差报销额度大大超标也照报不误，职位也比别人晋升得快。不久前，集团人事变动，她觉得大树已倒，而自己树敌又过多，就调到了另一单位，可关于她的传言也很快传到了新单位，自然只有负面作用。

应该说卢小姐错用了自己的性别优势，取悦了一两个权力在握的男性，可却引起了其他人的不满和蔑视，虽然得到一些眼前小利，可给自己的长久发展留下了败笔。要知道，并非所有的男性领导都喜欢女下属嗲声嗲气，总有押错宝的时候，何况人不可能青春永在。

所以说，女人在利用自己的性别优势谋取利益时要考虑清楚，天下没有免费的午餐，你要得到更多的实际利益，就必须付出更高的代价，而这可能会搅乱你的生活节奏。这样一来，你也难以获得长久和稳定的发展。

如果你需要的是长久的成功与财富，那么就得按规矩来。

事实上，那些身居高位的男性并非都喜欢女人献媚，当冷静下来后，他们就会明白一个花瓶和一位好职员孰轻孰重。

子瑜在深圳一家公司做销售。一次，她和另一位职员随公司老板到北京参加全国进出口贸易会议。半个月的唇枪舌剑下来，他们协助老板争取了不少订单。正准备凯旋时，老板忽然决定，派那位职员去湖北开拓市场。

送走那位同事后，子瑜与老板一起等宾馆服务员送来当天的火车票。很不凑巧，当天的车票没有了。

当晚，子瑜与老板一起用餐。服务小姐端来几盘菜和一瓶白兰地。子瑜为老板斟了一杯酒，老板也准备为她斟酒，子瑜谢绝了。他们边吃边聊这些天接触的人和事，两人均有一种志得意满的喜悦。忽然，老板话锋一转："明年的出国学习，你是否愿意去？"

子瑜笑答："我恐怕不够资格。"

"问题是你自己想不想去。"老板的话容不得子瑜兜圈子。她实话实说："当然想。"

"女人想干一番事业是要付出代价的，特别像你，有才气，又有高雅的气质。"说到这里，老板依旧泰然自若，像是在生意场上稳操胜券似的。

子瑜明白了一切，但还是克制住愤怒。她淡淡一笑："如果那样，我宁愿过平淡的生活。"

"你不用发展的眼光看自己？"看得出，老板脸上掠过了一丝阴影。

子瑜赶忙转移这个棘手的话题："出来这么多天，不知您爱人和女儿怎样？"她想让他明白自己的身份和责任。

回到公司后，为避免日后工作中的尴尬，子瑜提交了一份辞职报告。但是老板并没有批准。更令她意外的是，出国学习的名单中竟然有她。子瑜说不清老板对自己怀有何种心情，但是在漂泊生涯中成熟起来的她，能够理解一个男人的一时冲动，相信老板也从她的行动中，理解了一个职场女性在名利面前的理智。

有很多女性误以为只有讨得能够决定自己命运的人的欢心，才能一帆风顺地走下去。其实这是一个严重的错误观念，如果你的命运取决于他人的喜好和情绪，那么，你的运气再好也有限。

因为他今天可能喜欢你，明天也可能喜欢你的同伴，你始终不是自己命运的主人。靠别人的庇护永远长久不了，你的素质以及你对生活的认识，将最终决定你的价值。

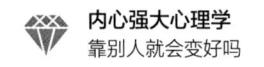

> **命运私语**
>
> 如果你需要看某一个人的脸色生活,他的喜怒哀乐都将对你的命运产生影响,那么,你的运气再好也有限。无论在何种情况下,靠自身的素质吃饭,才能吃得长久和安乐。

拥有一技之长,生活不再迷茫

有句话叫作"长得漂亮不如活得漂亮",的确,女人出身可以很平凡,相貌可以很普通,但是决不能让自己活得很平淡。

现代社会,满眼所见都是聪明人,都是打扮得体的淑女,如何在人群中亮出自己的风采,可以说是个不大不小的挑战。

想想看,你身上除了性别、年龄、工作、职位这些固定的身份,还有什么更能代表你这个人呢?是特长,也就是别人都不行而你行,或者别人都行而你更优秀。提起这项特长,熟悉的人都可以不约而同地想起你来。专业特长的影响是显而易见的,在每一个组织里,搞技术的人总有自己不可取代的位置。除此之外,就是在生活中培养起来的特长,比如体育和艺术,它们有时候看似没什么,其实却最能体现一个人的个性魅力。

一家广告公司的员工年底聚会时,大家都展示了自己的特长。他们中有的人会弹手风琴,有的会吹萨克斯,有的会唱歌,有的会跳舞,而且水平都不错。平日里看起来并不起眼的人,这时也变得风采动人。尤其一个叫Sunny的女人,会跳民族舞,会弹吉他,她虽然长得不漂亮,可是身上很自然地流露出一种魅力,很多人都喜欢她,因为她确实足够自信和优秀。拥有特长的人,不论男人还是女人都更容易受到别人的尊重和欢迎。

不要以为特长只是一种华而不实的东西。事实上,特长是你的特色标签,它会让人们发现你、记住你,在这个过程中,一些本来可能降临到你身上也可能降临到别人身上的好运气,就很可能更青睐你。

于佳的口才很好,在学校的时候,她就经常参加各类演讲比赛并获得了很多奖,成了学校里的风云人物。毕业那年,于佳也是凭着这样一项特长进了一家知名公司的公关部。在公司里,于佳的特长得到了淋漓尽致的发挥,不论是应酬客户还是在公司内部搞活动,她的话总是富有感染力,让听者不知不觉就赞同了她的观点。每到逢年过节时,公司内部的联欢会上,于佳都担任主持人，渐渐成为了公认的才女。因此，她在公司发展得很好，提升得也很快，短短三年，于佳就是这家知名公司的公关部经理了。

女人没有自己的一技之长，想从人群里脱颖而出是不容易的。"特长也是竞争力"，如果你想让自己在竞争激烈的社会中拥有更多的竞争力，如果你不想只做一个平常的女人，那就应该关注自身的成长，让自己尽量拥有特长。

特长的另一个作用，是可以让你以一技之长会尽天下之友，除自己的同学圈子、职业圈子外，再拥有一个同好者的圈子，接触各行各业的人，开阔眼界，增加阅历。

文蔷的爱好与众不同，作为一个妙龄女人，她偏偏爱上了汽车，以在外企的高薪做底子，她筹款买了一辆帕萨特。宝石蓝的颜色，流线型的车身，文蔷简直对她的车爱不释手。一有空闲，她就缠着做记者的男友陪她练车技。功夫不负有心人，一年下来，文蔷的技术进步很快，一些搭过她顺风车的男同事，对她的车技也赞不绝口。一时间大家都知道公司里有个车开得很好的女人，连老总见了她，也要格外打招呼。

练好了车，文蔷加入了一个爱车俱乐部，她感觉自己像一条鱼回到了大海里，交往的圈子一下子扩大了几十倍，朋友们来自各行各业，带来了营养丰富的信息。文蔷觉得，俱乐部里的人有年轻的，也有年老的，有的是商界前辈，有的是青年才俊，性格、情趣各有不同，细细品味，有种难得的享受。在这种环境里待久了，人也变得更加从容、练达起来。

那些懂得去培养自己特长的女人，都是聪明、勤奋且上进的女人，她们懂得如何使自己的生活更加丰富多彩，而且她们也确实通过特长在一定程度上改变了自己的生活。

当一个女人立足于社会，要努力把自己推销出去的时候，笼统而泛泛地向别人介绍自己，并不一定能给人留下太深刻的印象，除非你异常出色，或者你立刻就有表现的机会。而"强化"自己的特长，不但能给人具体而直观的感受，也更容易引起别人的兴趣，体现出你的卓尔不群。

> **命运私语** 女人在年轻时要尽早练就一技之长，有了一技之长，你的存在才会有特色，在人群中才能不时突出自己，你才会更有自信，获得更好的发展机会。

努力提升自己，才能不惧站到人前

女人最大的缺点往往就是做事被动，不愿抛头露面，这是传统思想对女性规训的痕迹。我们应当抹去这些印记，做一个具有现代意识的新女性。未来的世界，就是一个明星的世界，会有更多的人进入公众的视野，而不是永远生活在一个缺乏关注的角落。所以，我们强调要做生活的主角，做现实生活的积极参与者，而不是做"看客"和"观众"。

英国第一位女首相玛格丽特·撒切尔夫人，自小就受到严格的家庭教育。父亲经常向她灌输这样的观点：无论做什么事情都要力争一流，永远做在别人前头，不能落后于人。"即使是坐公共汽车，你也要永远坐在前排。"

"永远都要坐前排"是一种积极的人生态度。在这个世界上，想坐前排的人不少，真正能够坐在"前排"的却不多。有许多女人，基础很好，才华横溢，但她在所服务的单位里却一直默默无闻，做些吃力不讨好的工作。之所以会这样，主要是因为她们没有抓住表现自己的机会，不敢在"前排"亮相。

在你的职业生涯里，最有说服力的，不是你做了什么样的工作，而是你在人前拿出了什么样的业绩。即使你才华出众，工作不辞劳苦，如果没有被上级发现，也始终是可有可无的小人物。

孙瑜在学校时是有名的才女，琴棋书画无所不通，专业成绩更是无人可比。大学毕业后，在学校的极力推荐下她去了一家小有名气的杂志社工作。谁知就是这样一个让学校都引以为豪的人物，在杂志社工作不到半年就被炒了鱿鱼。

原来，在这个人才济济的杂志社内，每周都要召开一次例会，讨论下一期杂志的选题与内容。每次开会都有很多人争先恐后地表达自己的观点和想法，只有她总是悄无声息地坐在角落里一言不发。她原本有很多好的想法和创意，但是她有些顾虑，一是怕自己刚刚到这里便"妄开言论"，被人认为是张扬，是锋芒毕露；二是怕自己的思路不合主编的口味，被人看作幼稚。就这样，在沉默中她度过了一次又一次激烈的争辩会。有一天，她突然发现，这里的同事们都在力陈己见，似乎已经把她遗忘了。而当她开始考虑要扭转这种局面时为时已晚，没有人再愿意听她的声音了，在所有人的心中，她已经成了一个没有实力的花瓶人物。最终她因自己的过分沉默而失去了这份工作。

你是否也有类似的经验：有些同事在会议中总是非常踊跃地发表意见，滔滔不绝，似乎有备而来。事实却可能是：他对提案没有你熟悉，而且你手上准备的资料也比他更周全，但你从没有机会表达你的意见，结果主管不知道你的存在，更难想象你的专业程度。我们常说沉默是金，但也不要忘了，沉默同时也是埋没天才的沙土。

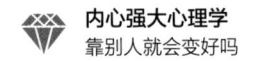

在社会上，女性本来就是弱势群体，你再不积极争取机会，离一个好命的女人的大目标只会越来越远。

要在社会竞争中获胜，我们可以从多种角度去考虑，什么地方，什么行业，什么活动机会最多，更容易帮助自己成功。有了这番考察之后，就要积极主动地参与其中，要会抢"镜头"，做"焦点"人物。

当你大胆地表达自己的看法，展示自己的成果时，肯定会吸引众多的目光。也许在一开始，你会觉得这比自己默默无闻时少了许多"自由"，但作为成功者，被众人所瞩目是必然的。也正因如此，你对自己的要求会逐渐提高，这也是你进一步成长的动力。一般来说，坐在"前排"的人物，表现的舞台会更大，成功的机遇也会更多。

今天的世界，已经有了足够丰富的物质财富来奖赏更成功的人。但没有人会将这一切拱手赠送于你。所以，我们每个人都应该努力给别人一个尊敬你、欣赏你、发现你、肯定你的机会。只要你成功了，一切美好的词汇都将属于你。

也许有人会问，每一个人都想成功，而成功的机遇非常有限，竞争非常激烈，在竞争中败下阵来怎么办？其实，成功的机遇是无限的，这一次不行，还有下一次，努力不一定成功，可是如果不敢表现自己，别人是不会主动将荣誉的花环戴在你的头上的。

> **命运私语**　有很多工作多年却一直默默无闻的女人,并不是因为本身能力的问题,而是因为她们过于低调,从来不敢表达自己,以至于彻底被人遗忘。

Part 6

认清现实少犯糊涂，因为有些错误无法弥补

每个年轻的女人都要坚信，世上所有美好的东西都有自己的一份。所以在你追寻和等待的过程中，不要做那些破坏自己形象和名声的傻事。

人永远都不要有孤注一掷的想法，只有坚守自己的理想，坚守自己的品位，才不会辜负了你美好自然的花期。

让自己拥有久盛不衰的资本

在寻找自己感情的猎物的时候，一般的规律是，女性更注重男人的实力，男性更注重女人的外貌。然而，作为一个女人你必须要明白，男人们这一点自然倾向，并不代表他们都是只重感官而忽视大脑，不管在什么时候，一见到靓女就忘记了东西南北的动物。

在街头酒吧等场所，男人们爱和外表惹眼的女性搭讪，但是这不表示在他们经过周详的考虑，要为自己寻找一个固定的伴侣时，也以赏心悦目作为第一选择。我有一个朋友，是做记者的，说话比较直接犀利。他认为选择爱人还是综合素质高一些为好。他最欣赏的女性，是地产大腕潘石屹的妻子张欣那种类型的，不是太漂亮，但是气质高雅、智商出众，更重要的是，有与丈夫优势互补、携手共进的能力。一个男人的平淡人生，会因为拥有这样的女人的陪伴而陡然精彩起来。

这是来自男性方面的真实反馈，明白了他们的心思，你还甘心只做个花瓶式美人儿吗？

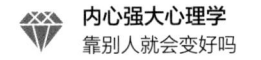

如果一个女人只热衷于把自己打扮得漂漂亮亮地与男人约会，除此以外，对其他的世事一概不知，那么毫不客气地说，你这朵鲜花，离凋谢的日子已经不远了。

我们生活的世界，差不多每一种选择都是双向的，女人在挑选男人，男人同时也在挑选女人。当你已不再是对未来充满幻想的少女时，想必已对那些急急忙忙投简历、找工作的毛头小子不感兴趣。同样，那些已经拥有一定的事业基础，有房有车，正处于人生上升期的男人，也不愿意把自己的时间精力，都花在一个只是看起来养眼的小女人身上。当然，一些年纪比较大、比较富有，但是只想花点儿钱在年轻女人身上找个乐子的男人不在此列。他们喜欢的女人，第一要漂亮，第二要无知，在一开始，双方就没有站在一个平等的地位上。女人要追求一生的好命，做富人的这种芭比娃娃，并不是一个好的选择，因为你不能保证自己永远青春靓丽，也不能保证某个富人只喜欢你这种类型的娃娃。

所以，你考虑问题的重心应该在于：男人有房有车，我应该有什么样的东西可以拿得出手，与之匹配时毫不逊色？

男人有男人的地位，女人有女人的身份。如果你出身名门或者豪富之家、书香门第，这就是你的天然资本。好的出身代表着荣耀、眼界和高贵的社会关系，无论什么样的时代，什么样的社会环境,这一点对于正力争上游的男士来说都有足够的吸引力。家世不错的女人,只要能好好地约束自己,不堕入放纵无度的富贵病里,大体上就能保证在上流的圈子里,和正派上进的男人恋爱,顺利地进入平稳安乐的婚姻生活。名门淑女的身份,并非食之无味、弃之可惜的鸡肋,起点比较高的女人,要懂得珍惜自己的福分,少接触街头上那些随随便便的男人和女人,使自己的名声和身份降格。如果你是一粒珍珠,一定要镶嵌在白金上才能大放光彩,一旦落入泥尘,就会被埋没。

如果出身不够优越,女人的道路又该如何走呢?没关系,你还可以放开手脚,追求你的第二种身份。

名校的学历、各种热门的资格证书或者你所在公司的知名度以及你在工作中的职位等,都是我们可以通过个人的努力而改变的身份。把时间投资在这上面,首先可以提高你在社会上的身价和待遇,从而也强化了你与有地位的男性演对手戏的资格。科技精英与名校才女,行业新贵与白领丽人,都是人们心目中天造地设的绝配。否则,一个体面的绅士在社交场合挽着一个毫无品位、很愚昧的女人入场,别人说什么,她一问三不知,或者时不时就做出一些不入流的动作和说一些很搞笑的言辞,大家会怎样看待这一对儿呢?男人又会如何看待自己的爱

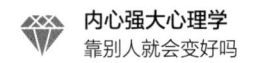

情前景？

"好形象"，最终才会决定你的"好机遇"。不管是内在的素质和修养，还是外在的气质和装扮，都会对塑造形象产生一定的作用。女人对于自身存在的某些缺点和问题，尽管一时或终生都难以改变，但仍不妨学会掩饰自己的不足，有意识地将自己包装成"内外兼修"的美女。

很多女性看待感情问题的时候，常常会一厢情愿地从自己的角度出发，要求男人有房有车有事业，自己就可以不用打拼而直接享受。关键是对于那些已经功成名就的男人，你有什么资格让他敞开胸怀来接受你呢？

这对美丽的女人，是一种警戒，不要以为是美女就可以通行无阻，要获得长久幸福，仅靠外表是行不通的；对于外貌平凡的女性，是一种提示，一门功课的分数不够不要紧，只要其他门类的分数过硬，平均分就会上去，命运之门依然是敞开的。

命运私语　女人的青春与美貌，能吸引住的只是男人的眼球，如果想让他驻足，你各方面的分数都过得去才行。要求男人有房有车有事业并不为过，只是应该注意你要有足够的资格与之匹配。

学会说"不",不要迁就

心慈面软是部分女人的天性,如果她们在生活中遇到的每个人都是守礼的君子,是无可挑剔的好人,这种性格并不会给她们带来任何麻烦。可惜的是,有些人你越是忍耐和退让,他们越是得寸进尺,丝毫不体谅你的苦心和善意。

对于摆在自己面前的问题,很多女人或者迫于对方的压力而不敢说"不",或者碍于情面而不好意思说"不",结果,很多明明不该是自己的事,通通落在自己头上。导致所做的事大大超过自己的能力负荷,让自己处于崩溃的边缘。

事实上,很多女人常常过度在乎自己对别人的重要性。就好像我们常常听到的一句调侃的话:"没有你地球照样在转动。"没有什么人是不能被取代的。如果你把每一件事都看成自己的责任,妄想着去完成,这根本是在自找苦吃。你真正该尽的责任是对你自己负责,而不是对别人负责。你首先应该认清自己的需求,重新排列自己价值观的优先顺序。把自己摆在第一位,这绝不是自私,而是表明你对自己道德意识的认同。"不"固然代表"拒绝",但也代表"选择",把自主权牢牢地抓在手里,别人才不会利用你的弱点,把困难压在你的头上。

杜鹃出生于一个贫困的家庭，父亲是面粉厂的工人，妈妈没有工作，只在家里操持家务、照顾孩子。她的父亲脾气很差，每次喝了酒，都要找茬儿和妈妈吵架，高声骂人、摔东西，妈妈只能躲在一旁偷偷地哭。

杜鹃很争气，她长大后半工半读念完了大学，在一家做汽车配件生意的公司找到了一份工作。她的聪颖和吃苦耐劳的品性，很快就引起了经理的注意。很多重要的项目，经理都很放心地交给她去做，杜鹃也获得了让自己满意的职位和薪水。这时候，她认识了一个刚刚毕业的学美术的大学生，他英俊的外表和流利的口才深深地吸引了杜鹃，杜鹃深信他是一位千载难逢的大画家，将一片真心都放在他身上。

两个人租了一间小房子，像小夫妻一样过起日子来。"大画家"开始的时候还在一个卖工艺品的小店里做做兼职，时间一长就懒了，每天在家里画几笔画，剩下的时间要么看剧要么睡觉，只靠杜鹃一个人的薪水生活。杜鹃认定男朋友是干大事的人，对在生活中谁花多花少并不计较，但是一个大男人一事无成，至今仍要靠女人养活，他自己心里也不是滋味，于是用酒精来麻醉自己，一面抱怨自己怀才不遇，另一面又游手好闲地胡混。杜鹃继承了母亲的美德，自己坚强地撑起了一切家事。"大画家"渐渐地适应了这种生活，把杜鹃的付出看成理所当然。一次,两人因为琐事吵了几句,他竟然对着杜鹃吼道:"我运气不好,沦落到和你这个乡下丫头一起混日子,你还有什么不满足的?"这时候,杜鹃才明白自己在他心中的地位,原来自己这些年的辛苦,在他眼里却是一文不值。当自私成为习惯的时候,他已经看不到对方的付出。

好女人常常会遇到坏男人,乍一看来,这是命运的不公,其实认真追究起来,男人的坏,从根本上,是其缺乏良知与基本自省能力造成的,同时也是他身边的女人纵容出来的。女人不辞劳苦,把该自己干和不该自己干的事儿通通包揽起来,无限制地满足男人的任何要求,即使明明应当抗拒的事情,心中一软,也委屈地忍下去。当女人不像女人的时候,男人也就不像男人了。一个缺乏良知而不像男人的男人往往会忘了作为一个男人应当承担的责任和具备的本色,这种男人成为"窝囊废"和"自私鬼"也不足为奇。

如果你难以说出"不"字,会造就一批习惯于对你颐指气使的小人;在家里难以说出"不"字,再多的苦水咽到肚子里也没人会体谅你。好命的女人,生来乐于被保护和宠爱,如果你不愿意接受这样的角色,当然也可以主动分担责任,值得注意的是,你分担属于自己的那一部分已经足够。

如果你愿意过整日劳累并且无人感激的日子,你可以做任

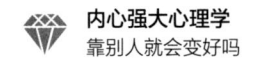

何事；如果你想做个好命的女人，有更多可支配的时间和放松的机会，那么你真的不能把所有事情都扛在自己肩上。

> **命运私语**
> 年轻女人的能力是有限的，我们实在没必要"有求必应"，某些时候应该学会"拒绝"。但现实中的情况往往是，有时候我们本想拒绝，心里很不乐意，但却点了头，碍于一时的情面，给自己留下长久的不快。

体面靓丽的女人也不会事事顺意

有些女孩给人的印象，总是美丽而洁净的。她们对待自己的要求很高，不像男孩那么随随便便，对待别人，也是黑白分明，眼睛里揉不进一粒沙子。这种心态，在她们成年以后会有所改变，大部分成熟的女性，因为经历了很多的世事，会明白个人的力量是很有限的，与其和现实对抗，不如聪明地顺应它，不为难身边的人，也不为难自己。可惜的是，有些女人觉醒得非常缓慢，她们总以为这个世界应该是一个按照自己心意设定的美丽花园，所有的人和事，都应当达到一种完美的

Part 6 认清现实少犯糊涂，因为有些错误无法弥补

状态。

小方是一位大都市里标准的白领丽人，她在一家外资企业做文秘工作，每天见到的人都是彬彬有礼的绅士或是干练优雅的女性精英。她的丈夫是一位教师，是一个非常顾家的男人，平时对她非常温柔体贴。

在别人眼里，小方是一个非常幸福的女人，可是，她自己过得并不开心。她常常觉得自己的丈夫一身的书呆气，从衣着品位到举止谈吐，都有些上不了台面。于是，在生活中，她成了老公最严格的"教练"，如果老公又有哪方面不合"标准"或者没有达到她的某种预期，小方就会"一而再、再而三"地刺激他。这使他有种喘不过气来的感觉，于是，他宁可逗留办公室或娱乐场所也不愿意回家。更严重的是，丈夫和妻子之间渐渐地无话可说，夫妻关系日益疏远。

如果像小方一样，对周围的人和事过度苛责，只会使自己陷入无穷无尽的烦恼中。在我们身边，每件事都有自己的发展轨迹，每个人也都有自己的观念和个性。女人应该承认有些问题是无法解决的，也有一些东西是无法改变的。只有多多包容，才能从根本上摆脱这种无谓的烦恼。

在自己的小家庭之外，我们要和各种各样的人打交道，这就更不能以自己为标尺去衡量别人的生活。

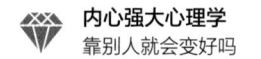

安洛是上海人，父母都是高级知识分子，她从小在一个平静幸福的环境中长大。大学毕业后，她在上海的一家生活类杂志社做编辑工作。她的丈夫是她的同学，也是她交的第一个男朋友，两个人感情很好。

办公室里，有一位刚从外地单位调来的编辑小韩，他的工作能力很不错。但是安洛听人说他老家是甘肃农村的，刚来上海，就与妻子离了婚，现在正与社长的外甥女交往。这正是安洛最忌讳的地方，她认为这种不专情的男人，必须敬而远之，没事尽量少与他来往。这时，杂志社要做一篇消费调查的稿子，主编就派安洛与小韩搭档去做。安洛很不高兴，回到家里也是闷闷不乐。丈夫问明原因后劝她说："工作是工作，生活是生活，你把他当成单纯的同事不就可以了吗？何必想那么复杂呢？"

安洛带着十二分的不满和小韩共事，拍照片，写稿子，一个星期忙得焦头烂额，终于完成了任务。在这次合作中，她发现小韩工作认真，视角敏锐，是块做传媒的好材料。而且他为人也很大度，对安洛的文笔一直称赞有加。安洛不得不承认，他们这次合作很愉快。

事后，安洛认真反省了自己的态度，也认为自己过去有些偏激了。小韩与妻子离婚，也许有外人不知道的深层原因，并非人往高处走那么简单。

即使他真的因为功利之心太重而离婚，也是他自己的问题，并不影响他们之间的同事关系。计较太多是为自己的职业生涯自设障碍。

在社会上生存，四周难免会有你不喜欢的人，而这种对象越多就越不容易生存，所以我们要尽量与人为善，消除他们在我们心中的坏印象。让自己融入现实之中并没有想象中那么困难，觉得讨厌的人，和他交往一段时日后，你就会发现他的一些优点，从而改变当初的印象。如果你不喜欢很多人，拒绝和他们亲近，他们同样没有喜欢你的理由，这会使你的处境非常艰难。

人和人不可能都一样，我们有我们的道，人家有人家的道，求同存异，携手共进，是一种成熟的处世方式，也是好命的女人应有的正确态度。

命运私语　在社会上生存，你不能保证身边每一个人都是你喜欢的。你应该承认有些问题是无法解决的，有些东西是无法改变的，包容心强一些，烦恼就会少一些。

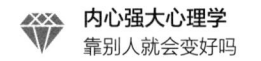

不要犯"很傻很天真"的错误

女人因为年轻、阅世不深、心态不够稳定等原因，较容易犯那种"很傻很天真"的错误。比如说把所有的感情和未来的希望，都毫无保留地押在一个男人身上，一旦爱情受挫，自己的目标、方向、人生价值都一同受损，伤痛自然很难治愈了。

另一种情况是，有些女人同样由于人生阅历不够，对未来认识不清，还没有开始恋爱，就先在心里定下一个不可动摇的标准，一定要在这个"标准"里找人。找来找去，人没挑好，倒把自己的年纪挑老了。

那些至今仍然形单影只的，常常抱怨甲男有前途有事业但个子太矮；乙男又体贴、又会玩但是经济基础太差；丙男有钱，但是太花心，怕将来出问题。恋家的男人，嫌他没有事业心，天天忙于工作吧，又觉得没有安全感。她们总觉得要有一个样样俱全的男人才配得起自己，带到人前才有面子，不枉自己多年的挑选和等待。

女人们在潜意识里都想找一个十全十美的好丈夫，但是现实永远大于理想，懂得享受属于自己的幸福，才是聪明的女人。

有人以《西游记》里唐僧师徒四人为例，劝诫女人学习欣赏爱人的优点：

如果嫁的是"猪八戒"，你不要伤心，因为你可以得到体贴温柔。"与其嫁给你爱的人，不如嫁给爱你的人。"被人爱着便是莫大的幸福。

如果找的是"孙悟空"，你也不要心酸。两情若是长久时，又岂在朝朝暮暮？他忙，就让他忙他的。男人的一半是女人，男人成功了，女人自然也跟着风光。

如果你爱的是"唐僧"，你也不要恨铁不成钢。挽着"唐僧"上街，会招来多少羡慕的目光？

如果和你一起过日子的是"沙僧"，你也不必着急。慢性子有慢性子的好处，老实人有老实人的福分。

婚姻和感情是人生的重要考场，每个步入婚姻的女人最后都要交上自己的答卷，但谁都得不到满分。这个世界上不存在十全十美的人，同理，完美的爱人也不存在。有不少女人常常对未来的感情生活抱有不切实际的幻想，将它想象得非常完美。尽管现实生活中也有少数非常理想的婚姻，但是必须明白，它是夫妻双方坚持不懈、努力完善的结果。

每个人都是一个独立的个体，都会与他人有所不同。当然，你的爱人也不例外。和你一样，他也是一个独一无二、有别于其他人的复杂综合体。他会有男人的刚毅和气度，会有自

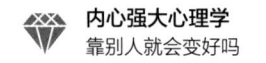

己独特的需求和喜好，当然也会有自身的缺点和不足。

有些品质是相互矛盾的，根本无法兼容在一个人身上。张小娴的文章《二合一》就充分说明了这一点：

"二合一"的洗发水在出现之初，大家趋之若鹜，使用之后才发现，把洗发水和护发素合二为一的洗发水质量有些低劣，多用几次就有头皮屑。有些人用了之后就开始脱发。

洗面奶和磨砂膏二合一，质量也极差。洗面和磨砂根本不是一回事，洗面是清洁面孔，磨砂则是去死皮，一张脸怎能天天这样磨？

如果有一种药膏，又可以涂又可以吃，你敢不敢吃？但凡高质量的产品，绝不会是多种用途的。

二合一或三合一、四合一等，不过是降低品质来迎合懒人或没有要求的人。

聪明的女人不要总奢望找到一个二合一、三合一或四合一的男人，他富有又博学、英俊又专一、事业有成又一往情深，那是不可能的。所有好处和优点难以在一个人身上同时出现。

聪明的女人，应该学会睁一只眼闭一只眼，欣赏爱人的优点，忽视他的不足。

如果一个男人能为家庭提供生存保障，就不要过于苛求他的温情体贴；而对于能给自己带来精神抚慰的男人，挣钱少点也不必太放在心上，不要觉得没有面子。

女人要在感情生活中拥有一份让人羡慕的好运气，把握好自己，不在没有责任心的坏男人身上虚耗时光。同时，另一个重要原则是要学习用欣赏的眼光看待你的爱人。那种这山望着那山高的挑剔，在你们的关系不确定时，会吓跑他，即使已经正式牵手，也随时有失去他的可能。

命运私语 世上根本没有多合一的好男人。如果女人够聪明，应该学会睁一只眼闭一只眼，遇事多想想他的优点，甜甜蜜蜜地享受属于自己的那份感情。

做自立的女人，远离渣男

按照一般的规律，男性与女性以朋友的关系共同消费时，通常是由男性来买单的。偶尔为之，还不必太介意，这对男性是表现绅士风度的一种机会，对女性，也可以暂时放下端庄严肃的职业面孔，让自己放松一下。只是所有的事情都有一定的限度，在这个限度之内行事，是尺度，过了界，问题就复杂了。如果你以为作为一个年轻靓丽的女人，就可以毫无顾忌

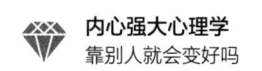

"吃定"某人，那就大错特错了。

一个男人如果连续不断地为一个女人花钱，那么他对她肯定是抱有某种目的的，要么想得到她的感情，要么想得到她的身体。只要他不是圣人或者傻子，这个法则就对他适用。反过来，对女人来说，如果对于某个男人，你只是把他当一个普通的玩伴，并不想有任何深层的瓜葛，花他的钱，就是一种特大的错误——他会认为你已经默认了他对你享有某种特殊的权利。而且，更让人难堪的是，在周围人的眼里，你们也是天经地义的"一对儿"。有一天你们分开了，你会被认为是一个很无情、很随便的女人，这会大大减少你在人们心目中的印象分，一旦有其他好男人想接近你时，你的这段经历也许还会影响他人对你的印象。

那么，当一个女人对一个男人有极大的好感，想认真地和他发展一段感情甚至共度以后的岁月时，是不是就可以把他当成自己人，安心享受他所付出的一切呢？不，你越是看重他的爱，越是首先要确立两个人的平等关系。这样，才可能在以后的漫长岁月里，获得他的尊重。如果在他心里你是一个只会吞吃金钱的玩偶娃娃，那么他将很难把你当成携手共度人生的爱人来对待。

有一个女人考入大学后，在正常的学费和日用之外，父亲特意多给她每月三百元的零用钱，并且告诉她说："多出来的这三百元是为了提高你的生活质量，你可以买零食、小饰物，或者攒起来买漂亮衣服和高档化妆品。"女儿表示自己不是喜欢攀比的人，用不了这么多。父亲说："你不喜欢攀比很好，不过，自己的钱包有钱，会让你觉得自己更自由！要是你真的有喜欢的男孩子，我还可以资助你恋爱经费。"

这位父亲的意思是想让女儿学会为自己的感情生活买单，从而获得更有质量的爱情。

当然，我们不是说一对男女在约会时，每次都要分毫不差地实行"AA制"，但是也不能只把男人的钱当成公有财产。女人不是货品，感情更不是交易。恋爱的时候，女人最好带上自己的钱包，即使他不舍得让你花钱，你也要学会在适当的时候买一次单！

不要误会只有花钱如流水的男人才够豪爽大方，如果他的经济基础雄厚，那么你们所有的花费对于他只是一种找乐儿的小钱，并不能以此来衡量他对你感情的分量；如果他的经济条件不好却喜欢在女人面前显摆，就有"打肿脸充胖子"之嫌了，这样的男人，做普通朋友还可以，却绝不适合长久的生活。而女性的青春短暂，是耽搁不起的，为恋爱而恋爱是青涩小女生的事儿，成年以后，就应该变得现实一些，为自己的

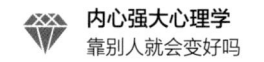

人生做一个长远的打算。那些量入为出，在自己的收入范围内安排生活的男人，反而是值得信赖的。观察一个男人是不是爱你，可以通过多个方面来了解他的态度，仅仅从他买单的姿态是不是很帅来定性，得到的也只能是一种片面的印象。

有一个小笑话是这样的：男女两人在餐厅吃过饭后，男人不看单子就付钱，说明他正在追求这个女人；男人逐一对照无误后付钱，说明他们的感情已经非常稳固了。

好命的女人真正所需要的，不是那种惯于在女人的石榴裙下打转儿的大众情人和护花使者，哪怕他们有型有款，卖相极佳，终归只是一个看起来很美的肥皂泡罢了。女人被"追求"，听起来很尊贵，但同时也代表你们感情的温度不够，他能潇洒地为你买单，同样也能潇洒地为任何一个美女买单，这样易聚易散的关系，难道是你所期望的感情生活吗？所以，当一个男人在你面前收起了那种"豪爽"的作风，变得精明而稳重的时候，那么恭喜你，你们的感情已经经得起外来事物的冲击与考验了。

> **命运私语** 女人谈恋爱，遇到一个潇洒大方、会玩会乐的男人感觉很爽，但是你要明白，只有那种踏实和稳健的男人，才能保证你将来的幸福生活。

及时止损，不要一错再错

如今的社会风气已经朝着开放、多元化方向发展，人们对于青年男女婚前的亲密行为司空见惯，把这当成很平常的事儿。现在再讨论这个话题，似乎有些老土，有些落伍了。但是我们抛开社会的、道德的层面，仅就女人自身的利害看问题，那种过于豪放的作风也是不适宜的。

单身女性在社会上生存不太容易，她们常常会觉得自己很孤单、很无助，这时候，她们会很难把握好自己。

蓉蓉是一家酒楼里的服务员，她年轻又漂亮，同在酒楼里工作的调酒师欧阳一直暗恋她。蓉蓉的家乡在千里之外，在这个城市里没有几个好朋友，她虽然不太喜欢欧阳，但是又很享受他的殷勤，下班后经常和他在一起消遣。

欧阳有辆二手车，时常拉着蓉蓉看夜景。当然，他们在外面的消费全由欧阳买单。有几次欧阳陪蓉蓉逛街，看到她对喜爱的衣物依依不舍，欧阳就大方地买下来送给她。

蓉蓉觉得自己亏欠了欧阳，对他的亲热举动总是不好拒绝。有几次，趁着酒兴和美丽的夜色，他们还在车里发生了关系。欧阳把这当成是对他们感情的默认，不管蓉蓉怎么想，他一直以她的男朋友自居。

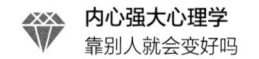

半年后，蓉蓉认识了一个当地的公务员，很快便被对方的才气和家庭背景吸引住了，加上对方的鲜花攻势，便做了他的女朋友。不久后，两人的恋情公开，别人都羡慕蓉蓉找到了好依靠，蓉蓉自己也觉得很幸福。

当欧阳得知这一消息时，如同一瓢冷水从头上泼下来，他跑去质问蓉蓉："我们的关系已经到了这个份儿上，你这样做是不是有点儿太过分了？"蓉蓉一急，就反驳他说："到了什么份儿上，我答应过你什么吗？承诺过你什么吗？"

欧阳自然心有不甘，他认为自己被蓉蓉玩弄了，于是便开始威胁她。望着欧阳扭曲的面容，蓉蓉才意识到问题的严重性，但是此时面对这一团乱麻般的关系，她也不知如何是好。欧阳更是心情极差，天天借酒消愁，工作上时常出岔子，不久后就被酒楼辞退了。

欧阳认为这一切的打击都因蓉蓉而起，他扬言要报复蓉蓉。蓉蓉知道欧阳是个说得出做得到的人，她不得不辞了工作躲起来。蓉蓉回老家后不久，公务员男朋友也跟她分手了。

经常有这样一些女人因为情感上处于空窗期，或是因为没有更好的人选，对追求自己而自己又没有好感的男孩，来者不拒。她们一方面享受着别人付出的感情和物质好处，另一方面又在暗暗寻找着条件更好、更适合自己的男友。她们以为

Part 6 认清现实少犯糊涂，因为有些错误无法弥补

自己很聪明、很开放，却不知很多不幸的种子，这时候已经埋下了。

在和异性交往中，讲清楚自己的感受——是爱情或者仅仅是一般的朋友，不随便和他人发生亲密的关系，这应该是每个人的底线。这不是为了"清白"或者"道德"之类的东西，我们只是不应该把一生的幸福，毁在某一种暧昧的关系中。

当一个人走过了孤独寂寞，找到自己心仪的爱人时，是不是就可以完全放松了呢？

这也不能一概而论。感情浓厚时，偶尔有过分的举动倒也不必自责，毕竟我们既不是圣人，也不是草木，不可能总是无限期地洁身自好。但是一时的情动可能带来隐患，那不是一个可以随便进出的花园，在没有做好准备，看清前面的路之前，自我控制的能力将决定女性未来的命运。

命运私语 很多女人在情感上处于空窗期，或是没有更好的人选的时候，常常会不知轻重地享受身边男人的殷勤，和他过分亲密。她们以为自己很聪明、很开放，却不知这对自己的未来已经造成了不可逆转的负面影响。

143

Part 7

不忘经常自省，看清当下才能持续进步

有时候，女人们明知往前走一步，就会看到更好的景色，但战战兢兢的心理总会让她们难以迈开自己的脚步。聪明的女人不要吃自己的亏，要早些突破坏习惯的束缚，修正错误的观念，不要让自己屡战屡败。

二十几岁的女人若能以睿智的眼光看待此时此刻的人情世故，就会发现人生拥有不同的解法。将自己的视野打开些，这时你会发现，可做的事情其实有很多，可以改变命运的方法也有很多。

不要吃了习惯的亏

尽管从表面上看,习惯是一件毫不起眼的小事,但是有许多优秀人士败在不良的习惯上。人的坏习惯,多表现在做事没有主次、拖延、情绪化等方面。这些习惯也往往会制约一个女人的发展,使她们最终成为不良习惯的受害者。

有些人以为习惯是很个人化的东西,和别人没有多大的关系,事实上,随着人们的教育程度普遍提高、专业技能相差无几,好习惯也成了女人的一种竞争力。

有一个女人去应聘财务经理,路上赶上一场大雨,幸好走得早,又带着雨衣,才赶上了。当来到招聘单位的电梯前时,她取出纸巾把鞋擦净后,把纸扔进了垃圾桶。当她坐在面试经理面前时,经理看完证书之后没问她任何问题,微笑着告诉她,"欢迎你加入我们公司。"

当她不敢相信地看着经理时,经理告诉她:"第一,这样的天气你仍然来了,说明你做人有原则,很守信用;第二,没有迟到,说明你准备充分走得早,很守时;第三,衣服没湿,说明你昨天看了天气预报,来时一定带了伞,很有计划;第四,我注意到你的鞋子特意擦干净了,这说明你很有修养、很细心。所以,我们很愿意和你这样的人成为同事。"

事情说穿了,就没什么神秘性,也没什么难度了,但是为什么偏偏有人能做好,有人的表现却不尽如人意呢?我们只能说,平日的好习惯会造就关键时刻的好表现,只有一向做事周密细致的人,才可以随时展现出让人信服的素质。

行为科学研究表明:一个人一天的行为中只有5%是属于非习惯性的,而剩下的95%的行为都是习惯性的。习惯经过我们的反复行为,会不知不觉变成我们本能的一部分。习惯是一种能左右我们的神奇力量,它决定着我们的成败。

习惯如此重要,可惜的是,人一旦养成了不良习惯,要改变它,往往很难。有些对自己要求不是很严格的女人,甚至会这样说:"我这么做事由来已久,可能改得过来吗?"

答案是肯定的,只要女人认识到自己身上有不足,并且拿出切实的行动来,那么坏习惯就会向我们投降。

明代才子袁了凡博学多才,然而年轻时,他却有诸多坏习惯。有一次,他到栖霞山拜会云谷禅师。两人面对面坐在一间房里促膝长谈。

在谈到习惯这一话题时，云谷禅师说："只要人能够从内心做起，就能改掉自己的不良习惯。当然，要想改掉不良习惯，必须先了解自己的不良习惯是什么。不知道你是否明白这一点？"

袁了凡略加思索，说："我这个人，不能忍耐，也不愿担当大任，别人不对时，我也无法包容，我还性情暴躁，气量狭小，有时又显得妄自尊大，喜欢高谈阔论，想做就做，不想做就不做。还有，我喜欢喝酒，又经常彻夜不眠，也不懂养生，伤了元气身体就不健康。此外，我有洁癖，只爱惜自己的名节，不在乎别人的感受，说话太多、太随便……"

他一口气数出了一大堆自己的缺点，最后叹息一声说："有这么多不良习惯的人，想把这些坏习惯改掉，谈何容易呢？"

云谷禅师深吸一口气说："所谓'难者不知，知者不难'，没想到你对自己的不良习惯竟然知道得这样清楚明白，那么改起来就不成问题了。我可以教给你一个只要用功就能改掉的方法，那就是把自己每天所做的功德和过失一一记录下来，以便知道当天所做的有哪些方面可以改过。"

最终，袁了凡痛下决心，竭力戒掉种种不良习惯，终成一代学者。此外，他写出了多部著作，其中《了凡四训》对后世

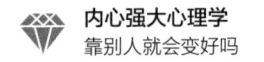

影响甚广。

所谓"本性难移",其实用来形容习惯并不准确,关键在于当事者自己认识的高度如何。聪明的女人决不能以为习惯既已养成,就只能听之任之。从现在开始,逐步将你的习惯往正确的方向引导,只要你能坚持下去,就会有效果。

让一块地里不长杂草的最好方法,就是种上庄稼。同样,改正坏习惯的最好方法,就是努力培养自己的好习惯。

如果你能有计划地用新习惯来取代旧习惯,那么,改掉旧习惯就会彻底一些。比如,用阅读代替闲聊和肥皂剧,用"马上行动"代替"拖拖沓沓",用周密的计划代替随意的做事方式等。只要坚持一段时间,新习惯就会养成,而你的整体素质也会随之提升。

习惯是人们下意识去做某件事,它不需要特别的意志努力,也不需要别人的监管。在习惯的引导下,我们能做到在什么情况下就按什么规则去行动。习惯一旦养成,就会成为支配人生的一种力量,甚至主宰人的一生。对于命运,人人都有很多无奈,但人们常常怨恨自身的资质条件不好,却从没想过要以习惯去塑造性格,以性格去推动命运。

> **命运私语**
>
> 思维方式是否先进与合理，决定着女人的视野与方向；习惯的好坏，决定着女人实际的做事水平。一旦养成好习惯，你的整体素质就会随之提升。

别等撞了南墙再回头

在处理事情的时候，经验的作用不容小觑。也就是说，你会按大脑资料库里储存的东西，给当前的事件定性，然后把以前解决问题的方法，套用到这件事情中。说起来很麻烦，其实在我们头脑里它只是一个下意识的选择。事情一发生，你会想："哦，这个我熟，如此这般，就可以搞定了。"

思维定势有它积极的一面，它可以帮助女人迅速解决问题，但是如果陷到某种定势里出不来，它就成了束缚我们创造性的枷锁了。

有这样一个小故事，很能说明问题：

有一个边防缉私警官，每天晚上都看见一个人推着一辆驮着大捆麦秸的自行车朝边防站走。

每天，警官都会命令那人卸下麦秸，解开绳子，并亲自用手拨开麦秸仔细检查。尽管警官一直期待能在麦秸里发现些什么，却从未找到任何可疑之物。

这天晚上，警官像往常一样仔细检查完麦秸，然后神色凝重地对那人说："听着，我知道你每天都通过这个关卡干着走私的营生。我年纪大了，明天就要退休了，今天是我最后一天上班，假如你跟我说出你走私的东西到底是何物，我向你保证绝不告诉任何人。"那人听了对警官低语道："自行车。"

"啊？"警官愣了半晌才醒悟过来。

这个缉私警官的视线完全被那一大捆麦秸吸引了，可以说是受阻于走私者隐藏赃物的定势，而忽略了正面驶来的自行车。也许换一个角度考虑一下问题的始末，他就会恍然大悟。这就是思维的逆转。

无论是思考如何解决碰到的新问题，还是为已熟悉的问题寻求新的解决方案，一般都需要在多途径地探索、尝试的基础上，先提出多种新设想，最后再筛选出最佳方案。而基于反复思考一类问题所形成的"一定之规"，常常会对创新思考起一种妨碍和束缚的作用。

在我们的社会生活中，女人通常在扮演次要的、辅助的角色，很难做大自己的人生格局。真的是女人的能力不及男人吗？答案是否定的，女性在事业上不容易开创新局面，其实和她们的性格特点和思维方式有更大的关系。总的来说，部分女人大都是和平主义者，她们害怕冲突，不喜欢改变，所以在思考问题、解决问题的时候，常常被定式思维束缚住手脚。

影响人发展的第一种心理障碍，是贪图安逸。有些人喜欢冒险，喜欢挑战，有些人则不然，工作的相对稳定轻松是绝大部分女人择业时的首要考虑因素。即使年轻时曾经雄心勃勃，但是随着年龄的增长，家庭格局的变化，这种思想仍然会回到主导位置。凡事求稳，自然就擦不出思想的火花。比如说，一个站在水边的人要过河，如果他是一个积极进取的人，自然会考虑是涉水、过桥还是找渡船才是最快最好的结果，而一个一心只求安逸无忧的人，首先想到的却是别湿了衣服，别扎了脚。思维一进入死角，对于多完善的方案、多广阔的发展空间都会视而不见，白白地把机会让给了敢打敢拼的后来者。

人要想在职场上有所作为，就要有一点冒险精神，训练自己逐步接受风险的能力。有尝试，才可能有进步。

影响人发展的第二种心理障碍，是抱怨。工作碰到挫折时，男人习惯独自消化，而不会向其他同事透露烦恼，也很少表现出自己焦虑的情绪，因为他清楚这对完成工作毫无帮助。

女性比男性更热衷于抱怨，并习惯私下向朋友或同事表达各种抱怨与烦恼，最后可能全公司的人都知道了她经历的挫折。结果可想而知。一个整天只想着"我多干了多少活，少得了多少利益"的人，大脑中还容得下别的东西吗？

第三种影响人发展的心理障碍是被动等待好结果的到来。很多女人不会努力去争取自己感兴趣的位置，更不会向上司展现自己的特长与才华。她们只希望老板有朝一日能够看到自己勤奋工作的样子，进而提拔自己，而她们在等待被赏识之前，所做的只是苦苦地等待再等待。

持有这种心理状态说明你对自己的能力缺乏自信，有极强的依赖性与惰性。如果能够转变一下思维方式，把"等老板发现"变成"让老板发现"，视野就能一下子打开。提起精神之后你会发现，你的前进方向更清晰，可做的事情也更多了。

思维的转变，会影响女人为人处世的态度，思维方式理顺了，则一通百通。

命运私语 部分女人柔弱的一面，使她们在思考问题和解决问题的时候，常被依赖性和惰性所束缚，如果能突破这种思维定势，可走的路就会宽广许多。

你是否在人生的死胡同里沾沾自喜

很多女人以平安、稳定为福，她们只有在自己熟悉的环境中，面对自己熟悉的人群时才会心安。面对陌生的领域，她们从来都是战战兢兢，不敢轻易涉足。平凡的女人之所以没有大的成就，就是因为她们太容易满足而不求进取，一生只会盲目地工作，挣取只够温饱的薪金。

有成功潜质的女人，永远在不断地改善自己的行为、态度和人格，她们总是希望更有活力，具有更大的行动力。相形之下，很多女人饱食终日，不做运动，不学习，不成长，每天抱怨一些负面的事情，日子就这么一天天混过去了。

女人要把握自己的命运，这种消极的态度是行不通的。那么，那些终日不敢越雷池半步的女人，最大的心理障碍是什么呢？她们最担心的不过是尝试所带来的失败。她们担心失败之后没法收场，没脸见人，她们还怕失败会导致她们失去现在的位置。然而，这一切只不过是她们的想象而已。失败非但没有那么可怕，它甚至是一种不可多得的人生经验。

沈芸25岁那一年，她所在的部门和另一个部门合并，她和一些同事失业了。在这之后，她一直为找工作奔忙。递了数不清的简历后，沈芸终于得到了一次面试的机会。坐在几位考官的对面，她忐忑不安，不知他们会提出多么生疏和古怪的问题。这时只见一个人一边翻看她的简历一边问道："哦，你曾经做过销售工作，那么这些年大概碰到过多少说服不了的客户？"沈芸心里稍稍有了点儿底，她自信地回答："到目前为止，我还没遇到过说服不了的顾客。"结果，面试官却提出了一个让她感到意外的问题。"没有失败的经历，就等于没有工作经历。难道不是吗？"一时之间，沈芸不能作出合理的解释，只好狼狈地离开办公室，因为面试官正好说到了她的弱点。沈芸天生性格比较谨慎，只愿意接触有把握的顾客，而且特别害怕失败，不敢大胆地实施自己的计划，以至于直到现在都没有取得让人骄傲的成就。

　　沈芸虽有几年的工作经历，但社会阅历并不丰富，面试失败后，她才第一次因为"没有失败的经历"而感到羞愧。

　　一个女人如果总是裹足不前，那么即使她从前没有碰壁，也不是什么值得自豪的事情。失败在给人打击、破坏一个人稳固的成绩的同时，也会让人认识到自己的不足，一天天变得更为强大。在商界或者政界，都有一些屡败屡战最终成功的人物，正是失败给了他们方法、渠道和宝贵的社会关系。可以说，一个人成功的经验和智慧是他在不断的尝试中积累的，这些是他一生真正的财富。

杨梅是某名牌大学的毕业生。参加工作后,她很想干出一些令人刮目相看的成绩来,以体现名牌大学毕业生的真正价值。但是,接触到实际工作后,她总觉得自己有所欠缺,对完成任何事都没把握——或者欠缺经验,或者专业知识不够完善。因此,她从不敢大胆承担棘手的任务,生怕做不成,有失身份。久而久之,上司对她失去了信心,将她当成一个打杂的人,只交给她一些简单的工作。杨梅也逐渐对自己失去了信心,怀疑自己只适合当学生,不适合紧张的职场生活。正当杨梅为何去何从的问题犹豫不决时,一位新上司代替了原来的上司。新上司对杨梅说:"不要找那些不能完成的理由。如果什么事都等到十拿九稳才去干,那就什么事也干不成。行动吧,行动产生奇迹。"对杨梅来说,这番话创造了一个良好的开端。一年后,她成了这家公司最优秀的职员。

当你遇到害怕做的事情时,只要敢试一试,就会觉得事情并没有想象中困难,也没有你原先想象的那么可怕。要积累自己的经验,最好的办法就是亲身体验,这就像学习游泳一样,你需要亲自下到水中才能真正学会。

世上没有什么事能真正让人一败涂地,恐惧只不过是人心中的一种无形障碍罢了。因为不敢尝试,我们裹足不前,错过了许多我们本来应该去做,而且能够做好的事,失去了许多原

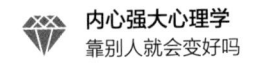

本属于我们的机会。

> **命运私语**
>
> 失败在给女人打击、破坏一个人稳固的成绩的同时，也会给我们带来方法、渠道和宝贵的社会关系。可以说，女人成功的经验和智慧是她在不断的尝试中积累的结果，这才是我们一生真正的财富。

反思自己是否有不好的习惯性动作

我们都知道，坚持是一种美德。作为一个起点不是很高的普通女人，若想追求一生的好运，就要一点一点地努力积累自己的命运分数。只是在埋头向前走的过程中，你应当时常抬起头来看看周围的路，不能只凭惯性奔跑，而忘记自己的目的地在哪里。

有时候，我们只是很茫然地做着手中的事，即使总看不到成功的希望，也会找出一些并不可靠的理由说服自己，"不这样做，我又能干什么呢"或者是"再坚持一阵子，有机会再找别的出路"，如此等着，直到无数的大好时光白白流逝，年轻的女人也变成了苍老憔悴的怨妇。

有人问一位女富豪她成功的秘诀是什么。她毫不犹豫地说："第一是坚持，第二是坚持，第三还是坚持。"听的人心里暗笑，没想到那位女富豪意犹未尽，最后又加了一句："第四是放弃。"

一个追逐财富的女人怎么可以轻言放弃？理由很简单，如果你确实努力再努力，却还不成功，那就不是你努力不够的原因，恐怕是努力方向以及你的才能是否匹配的问题了。这时候最明智的选择就是赶快放弃，及时调整，寻找可以收到实效的行事法则。

有两只蚂蚁想翻越一段墙，寻找墙那头的食物。一只蚂蚁来到墙角就毫不犹豫地向上爬去，可是每当它爬到大半时，就会由于劳累和疲倦而跌落下来。可是它不气馁，一次次跌下来，又迅速地调整一下自己，重新开始向上爬去。

另一只蚂蚁观察了一下，决定绕墙过去。很快地，这只蚂蚁绕过墙来到食物前，开始享受；而另一只蚂蚁还在不停地跌落下去又重新开始。

放弃不是自认失败，而是寻找成功的契机。今天的放弃是为了明天的成功。放弃，也许会使女人失去一些珍贵的期待目标，可你无须后悔，你要知道：没有放弃，就不会有更牢固的

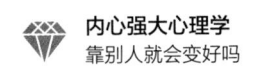

拥有和获得。

如果女人以相当的精力长期从事一种职业，但仍旧看不到一点进步、一点成功的希望，那就不必浪费时间了，不要再无谓地消耗自己的精力，而应该去寻找另一片沃土。目标是需要恰当选择和调整的。假如你的一个目标产生了问题，应当马上更换一个目标，这样才能更好地激发自己的潜能。

在爱情中也需要有反思和放弃的勇气。如果你曾经以全部热情去爱一个人，而他留给你的只有冷嘲热讽和视而不见，那么赶紧放手，去寻找一个能与你相互关怀的男人吧。世界之大，可怜你却被执着蒙了眼，被一个人挡住了全部的阳光。不把你放在心上的人，绝不是你的真命天子。当你开始享受爱的回馈、爱的体贴时，就会明白当初那一厢情愿的爱情是多么不值。

对于那些南辕北辙的错误，明智的女人会选择抽身而退，另换一个地方建立自己的根据地。徘徊和犹豫是女人可能面对的陷阱。生活陷入困境之后，她们总是安慰自己说：挺一挺吧，光明就在前面！因为这种自欺欺人的念头，她们在一生的大部分时间里，做着毫无希望的工作，陪伴着同床异梦的爱人。

心理学中的"等公共汽车"的故事，正是这些女人的写照。在一个公交车站，一群人在等待一辆公共汽车。车晚点了，人们都没有动，又坚持等了5分钟。5分钟后，人群骚动起来，大家东张西望，开始想别的办法。10分后，有人打出租车走了，有人放弃等车回家了，有人干脆步行，朝自己的目的地出发。但是总有一些人依然在那里等待。等的时间越长，他们越是不能放弃。因为这时候再走，他们先前付出的时间就白白浪费了。至此，他们已经忘了自己最初的目的，完全为了等公共汽车而等公共汽车。

因为不舍得先前付出的时间精力，所以又付出了更多的时间精力，这看起来像是一个悖论，可是恰恰有许多女人就是这样生活的。这里面的难点是，人们一旦踏上某条道路，就很难再重新选择，因为重新选择的成本太高。当你真的面对心有余而力不足的局面时，最好还是勇敢地退出来。人生忌恋战，有些事，大局既已无望，就迅速放弃，另谋出路，不可空耗自己的一生。

命运私语 女人的好命不是只通过不懈的努力就能获得的，它更需要的是正确的方向和方法。当你处于那种进退两难、不知如何选择的状况时，放弃也是一种智慧。

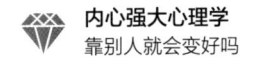

及时反省可以加速进步

很多时候，理想与现实之间往往有一定的距离。只要你还在开创自己命运的旅途中，就离不开一个"变"字。也就是说，女人可以在一开始的时候确立自己的路线，但一旦遇到意外的情况，发现了新的机遇，应当及时调整。

具体来说，这需要女人根据当前的形势和外部的环境，调整自己的思路，改变自己做事的方法，不要被时代的步伐抛弃。

古时有个渔夫，是出海打渔的好手。这年春天，他听说市面上墨鱼的价格最高，于是立下誓言：这次出海只捕捞墨鱼。但这一次鱼汛所遇到的全是螃蟹，他只好空手而归。回到岸上后，他才得知现在市面上螃蟹的价格最高。渔夫后悔不已，发誓下一次出海一定只打捞螃蟹。

第二次出海，他把注意力全放到螃蟹上，可这一次遇到的全是墨鱼。不用说，他又只好空手而归了。晚上，渔夫饥饿难耐地躺在床上十分懊悔。于是，他又发誓，下次出海，无论是遇到螃蟹还是墨鱼，他都捕捞。

第三次出海后，渔夫严格按照自己的誓言去捕捞，可这一次墨鱼和螃蟹他都没见到，只见到了一些马鲛鱼。于是，渔夫再一次空手而归……

渔夫没赶上第四次出海，他在饥寒交迫中死去了。

当然这只是一个故事。世上没有如此愚蠢的渔夫，却有类似愚蠢至极的誓言。所以，我们必须学会随时去调整。无论如何，人不应该为不切实际的誓言和愿望而活着。

1998年，在深圳打工的文莺以4000元的转让费，承接了别人因生意冷清而转手的名片店。

一次，一位文具店的业务员来推销名片纸，随身的挎包里还插着一大包钢笔、圆珠笔及其他文具。文莺看到这些东西喜上眉梢，她想：自己可以一边印名片，一边卖文具。她在名片店的内墙一侧，做了个精致的文具售货架。开始时，文莺只是从这名业务员手中购进一些文具，零星搭配着卖，谁知到月终一结账，她竟然发现自己零零碎碎卖文具赚的钱，已经超过了每日辛辛苦苦做名片赚的钱。

文莺立即意识到文具这个小行当里蕴藏着巨大的利润空间。她将身上仅有的7000元全部拿出来批发一些新潮而实用的文具用品。此时，制作名片已退至副业，卖文具一跃成了主业。不过二十几天，文莺所进的文具就销售一空，赚的钱也是以前的好几倍。于是，她开始周而复始地进货、销货，逐渐地熟悉了文具这个行业，也积累了一些经商经验。到了第四个月，手中已有了20000元存款的文莺将名片店隔壁一间10多平方

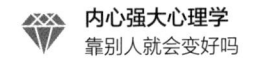

米的发廊租了下来，改为文化用品专卖店。

经过一年多的风风雨雨，文莺的事业有了长足的进展。1999年，她一口气开了5家连锁分店，并获得了韩国、日本等国家文化用品公司的代理权。

1999年年末，文莺注册成立了"都都文化用品公司"，到2002年8月，"都都文具"已在深圳开了33家连锁店。销售产品从价值几角钱的铅笔、橡皮擦，到价值数千万元的投影屏幕、投影机及整套办公自动化设备，公司的总资产超过亿元。她一步一个转折点，由点做成了线。

创造财富、改变命运的道路，绝不是一条单行道。做好命的女人，头脑里就不能有过多的条条框框。遇到问题，我们不应该先考虑"我是做什么的"，而是要想"现在我要怎么做"，根据当前的形势，拿出自己的对策。

女人唯一应该坚持的大原则是赚钱，走自己的路，至于具体的行事方法，则可以视情况而定。如果你只是一味坚持自己最初的选择，抱残守缺，那么结果反而会丢掉最大的目标。

命运私语 女人唯一应该坚持的大原则是赚钱，开创自己的事业，至于其他的问题，都是细枝末节的问题，这时候你就要变得"随和"一些，按照不同的现

实情况，随时调整自己做事的方式和方法。

不敢突破生活永远是死水一潭

因为环境、际遇的不同，不是每个女人都能拥有幸福安乐的一生。我们所要做的就是在命运中不随波逐流，"我只能过这样的日子了""心有余而力不足啊"，这样的思想，会让你永远没有翻身的余地。

也许你目前的生活并不如意，没关系，只要我们不放弃朝好的方向努力，希望就一直都在。怕就怕在对于人生的困局，我们先是痛苦和抱怨，慢慢就变得平静和麻木，到最后，竟然把困苦当成一种习惯，连改变的意识都没有了。害怕有所改变，害怕改变引起的波动，因此不敢做出不同的选择，这正是导致不幸的主要原因。

一次意外事故，常薇的腿被撞伤了。由于伤情严重，大家把她送进了离事发地点较近的综合医院，但住院不到两天，常薇就发觉事情有些不对劲。

在这家医院里，主治医生基本上不来会诊。不仅如此，粗

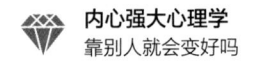

心的护士们经常发错药，打一次点滴要扎六七次针，病人的手臂都快变成蜂窝了。

家人和朋友来探视的时候，都提出让常薇转院。常薇有些迟疑，她担心这里的医生不给开证明。果然，当常薇的家人提出转院要求时，医生们坚决反对，因此，她也只好在医院继续住了3天。在这段时间里，常薇承受着巨大的身心压力，简直就像蹲监狱一样难受。

第5天晚上，常薇的血管严重红肿，但护士还是无法准确地扎针。常薇的姐姐再也忍不了了，她再次坚决地提出转院，并且告诉医院她要向主管部门投诉。常薇吓呆了，她强忍着疼痛阻止姐姐，怕招来医院更严厉的反对。但是情况却出乎她的意料，医生们商量一番之后，竟然很快就给她们开好了转院的单子。

这只是生活中一个很小的例子，却可以让我们把一些女人的弱势心理看得很清楚。如果坚持和恶劣的现状作斗争，那么大部分人都会克服心理惯性，摆脱不利的境遇。然而，有些女人扭转劣势却需要很长的时间，她们总是劝自己忍耐，认为等到黑夜退去，自然就会看到明媚的阳光。她们最大的问题在于忘掉了自主，忘掉了自己可以先点起一盏灯。

如果你毫无自信，优柔寡断，缺乏远大志向，不敢超越环境和自我，那么你的生活可能就一直暗淡无光。生活中美好的事物历来只和敢于正视现实、迎接挑战、战胜危机的人结伴同行。如果一个人不想断送自己的一生，那么就应该有所作为，有所突破，在征服困难的同时证实自己。

从相夫教子的全职太太到资产过亿的伊利诺依老板，从女护士到董事长，史晓燕仅用7年时间就完成了人生的跳跃，最终打造了自己的诺亚方舟。同很多成功人士一样，她成功的背后也有许许多多的故事。

从协和医院护理专业毕业后，史晓燕被分配到了又脏又累的骨科病房。打针送药、端屎端尿，周而复始，工作的艰辛和压力她倒能应付自如，但是每月70元钱的薪水、6毛钱的夜班补助却让她忍受不了。当时史晓燕就暗想：我的理想可大了，我的志愿可大了，怎么能在这儿呢？那时的史晓燕，下了夜班，还要拼命学外语。

1984年，史晓燕没有和任何人商量，从协和医院停薪留职，应聘到一家外企公司做了前台接待。在1984年，跳槽对于许多人来说是一件不可思议的事，她当年的同事后来回忆说："她给我的第一印象：精明、能干、聪明，对任何事反应都很快。她跳槽大家一点儿都不惊讶，她那时就不甘于寂寞，不适合做护士。"

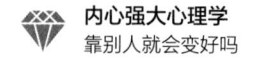

工作中史晓燕认识了自己后来的先生，开始了全职太太的生涯。

1989年，史晓燕的丈夫叶明钦到新加坡工作，她再也不甘心做相夫教子的全职太太，先是做起了导游，后来就开始在新加坡买房子、卖房子。找着感觉的史晓燕了解了发达国家对家的概念，看过了有品位的、精心设计的家，她迫不及待地要在一个高起点上开始自己的事业。于是，她支付了每年7万美元的学费，到美国芝加哥惠灵顿学习室内设计。史晓燕已经看准了国内方兴未艾的家具业，她同先生一起在机场高速路边建起了一座家具厂，以此为起点，史晓燕逐渐成为了事业做得风生水起的女强人。

女人要一个台阶一个台阶地逐渐提高自己的层次，做大自己的事业。当你处于一个很低的位置上的时候，你不知道外面的天有多大，生活有多美好，只有让自己动起来，你才会看到更多的路，而不是一直被禁锢于一个狭小的空间里。

人的能力是在行动中锻炼出来的，不走出第一步，后面一系列的良性结果也就不可能存在。聪明的女人，如果你今天依然抱残守缺，畏惧生活中的任何变化，那么不妨给自己开一张清单，同时列出利与弊及改变与维持现状的差异，尝试控制心中的恐惧，让自己变得更有行动力。我们唯有不断拓展生存空间，不断地改变和提升自己，才能在行动中找到适合自己的发展道路。

命运私语

很多女人遇到不好的状况，总会祈祷上天帮自己一把，让自己能尽快从困境中走出来。她们忘记了，自己的手脚和大脑都是健康灵便的，积极主动地去开创生活，虽然困难会很多，但是你也会遇到许多以前根本想象不到的机会。

# Part 8

认清现实，不做不切实际的幻想

一些女人有着让人羡慕的"好命"，无论是容貌、健康、爱情，还是事业，或者一份快乐的心情，她们看似都能轻松拥有。是命运对她们特别的眷顾吗？其实这里面另有奥秘。

一些女人在二十几岁就成功地摆脱了"劳碌命"，是因为她们拥有世俗的眼光和现实的智慧，早早抛弃了那种天真的、毫无根据的幻想，规划好了自己的人生道路。

追求安全感与金钱的保障并不丢人

如果我们去问每一个女人,在生活中什么东西是最重要的,答案可能是五花八门的。事业、爱情、美貌、健康等,都值得女人花尽心思去追求。而那些见惯了生活波澜的睿智的女人,却已经把一切都总结为一个"钱"字。"有啥别有病,没啥别没钱",本是一句大白话,却也包含了许多实实在在的道理。

其实,只要你肯认真观察一下周围的人和事物,静下心来思考一下,就会发现在现实中,金钱不只是流通的工具,同时它还代表着女人的自由和生活保障。我们所追求的种种美好的东西,金钱都是它们的轴心。

事业对现代女性的重要性无须多言,可对于大多数女人来说,所拥有的也只是一份谋生的职业罢了,待遇的好坏,薪水的多少,至今依然是衡量一个职业优劣的通行标准。美貌与健康,更需要良好的生活环境去滋养,一个有心情和闲暇去锻炼,有足够的经济支持去打扮的女人,是不会丑陋憔悴的。爱情与金钱孰轻孰重且不说,你必须承认一个女人所处的阶层和圈子,将决定她所遇到的男人的等级。贫穷的男人也不是没有优秀的,但如果一直贫穷下去,他的能力与进取心就不免受到质疑。而女人们喜欢的浪漫情调,更是需要以金钱为基础。女人20岁的时候,男孩子把汽水罐的拉环当作戒指,套在她的无名指上,她或许还会为这份情意感动;到了30岁,如果仍然收到这样的礼物,就有些可笑与心酸了。

通常,女人都是有很多梦想的,在金钱、事业、人际关系、家庭生活等诸多方面,都给自己设定了大大小小的目标。但是体验到实现理想的艰难,受了生活打击之后,她们的兴奋度就会冷却下来,甚至感到茫然无措,不知自己该向哪一个方面努力。

希望自己一生好命的女人要记住,为赚钱而奋斗是理所当然的事,在这个历程里,我们应该毫不犹疑,不为外界的任何干扰所动。不必担心你会因此损失什么,当你实现了自己赚钱的目标时,诸如事业与爱情、平安与幸福等理想也会随之而来。

燕子出生在大西北的一个穷山村,20岁的时候,她到浙江去打工,在一家生产电子玩具的包装车间工作。她们的宿舍里住了8个女人,都是来自全国各地的打工妹。虽然大家都不富

Part 8 认清现实，不做不切实际的幻想

裕，可相比之下更贫穷、更没见过世面的燕子还是受到了歧视。休息日，大伙儿一起上街玩，也没有人愿意与燕子走在一起。

燕子虽然在贫穷的家庭中长大，但她拥有和有钱人一样的智慧头脑。一开始她口袋里没有钱，她就一角一角算计着花，所以每个月都有些盈余。年轻的女人控制不了自己钱包的现象很普遍，同住的几个人总是等不到发薪水的时候，就囊中羞涩了。因此看到燕子有钱，她们就迫不及待地向她借。燕子也大方地借给她们。

用人家的手短，渐渐地大家看燕子的目光就有些不同。2年后，燕子已经攒下了一笔钱，于是她辞掉了工作，在离厂房不远的一个街口租房子开了一间小小的花店。凭着年轻女人特有的细心与热情，她把生意经营得很不错。又过了1年，当初的姐妹们从燕子的店铺前经过时，发现她新进了很多名贵的花草，并雇了一个刚从职业学校毕业的小男孩跑街，正式当起了小老板。大家对燕子的改变惊羡不已，常有人去她那里讨教赚钱的秘密。

金钱不仅仅可以使你获得尊严，还可以使你获得你想得到的很多东西，这些东西都和金钱有关系。有了金钱，你就拥有了大家羡慕的生活方式，有了大家对你的恭维和仰慕，也有了

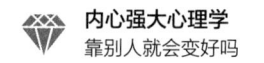

了发言的权力。在今天，金钱已经成为成功的标志和衡量人生价值的重要标准。

喜欢金钱并且能靠自己的能力赚钱的女人，也许是俗人，却也是有保障的、幸福的俗人；一向鄙视金钱，对于赚钱也毫无办法的女人，也许是雅人，却是辛酸困苦的雅人。比较之下，女人应该知道自己要往哪里走了。

那些好命的女人，都是忠于现实，始终对自己的未来拥有野心的人。因此，她们能踏实地走好自己的每一步。知道自己从什么地方来，应该到什么地方去，从不会在自己的人生旅途中迷失自我。

> **命运私语** 女人在学生时代，大多受到父母亲友的资助，对赚钱的辛苦和金钱的意义没有确切的了解。但当她们独立后，金钱的现实价值和作用却不可小视。

生活要接地气儿，不要过于清高

女人爱做梦，即使是每天守着灶台的灰姑娘，也期待着自己能够穿上华美的衣裙，成为晚会上最漂亮的女人。

幸福的女人，要有"好命"的意识，要有过好日子的梦想，这当然没有错，只是我们要明白，有什么样的人生目标，将决定我们行走的方向，而能否脚踏实地地去努力，则决定着我们的进程。对于自己的前途，女人首先要明确的是你要的是花还是果子，是"看起来很美"的表面风光还是能够握在手心里的真实。

郑明明出生于印度尼西亚外交官之家，接触的人大多是东西方的社会名流。长大后，父亲送郑明明去日本留学，这对她来说是一个学习知识、开阔眼界的大好机会。但她没有学习政治、法律一类的课程，而是选择了自己喜爱的美容美发专业，这在当时的华人眼里，是一项不入流的行当。

1964年，她在日本的学业期满。为了能够继续深造并能自力更生，她独自一人跑到香港，在一家美容院找了一份工作，从一个富家小姐变成了一个普通的打工妹。她到美容院工作的目的是练习技艺，然而，师傅每天除了让她做些洗衣做饭的杂工，根本不传授她所需要的知识。

经过苦苦思索，她想到自己其实已经掌握了一定的美容美发手艺，只不过一直没有机会亲自去实践。因此，她决定开一间发廊，自己当师傅。她与一个印度尼西亚的华侨合伙，在九龙租了一个小门面，雇了几个小工，开了一间叫作"蒙妮坦"的发廊。

白天，郑明明在店铺的前面做美容，晚上就到后面休息。只要能够节省时间，掌握更多的技艺，再苦的条件她也不怕，渐渐地，发廊有了固定的客户，郑明明也站稳了脚跟。

1967年，郑明明的合伙人将自己的70%股份让给了她，从此郑明明成了"蒙妮坦"的唯一管理者，并将收徒弟的小项目变成大规模的招生。

8年后，郑明明研制出了一系列的化妆品，销售市场遍及世界各国。1994年，郑明明被世界权威美容组织IPCA授予"国际美容教母"的称号，她还被推选为世界最具权威性的美容机构斯佳美容协会东南亚区主席。

在一般人看来，郑明明应该去学习政治、法律课程，以后做一名政府官员或律师。如果这是真的，世界上就会多一个普通的公务人员，而没有她后面日益壮大的美容事业。我们普遍认为女人做公务员或者搞学术、搞艺术，都是比较平稳和高贵的事情，从目前的社会状况来看，这也是实际的实况。但是这其中的关键问题是：这一行能不能顺利地接纳你？你适不适合干这一行？在我们身边，就有不少的女人被那表面的风光蒙住了眼睛，她们宁可在某个国家机构做勤杂，在某家大公司挨白眼，也不愿像路边卖水果的女人一样，走自己的路，经营自己的人生。其实任何职业都没有高低贵贱之分，如果某一种工作可以使你活得很从容，那么不要犹豫了，适合的就是最好的。

如果女人们都能有这种在平凡中求伟大的品性，那么离成功也就不远了。在整个社会中，除了一些特殊的人从事特定的工作，一般人的工作都是很平凡的。虽然是平凡的工作，但只要努力去做，和周围的人配合好，依然可以做出不平凡的成绩。

你如果想在社会上走出一条路来，那么就要放下清高，放下你的学历，放下你的家庭背景，放下你的身份，让自己回归到"普通人"中，走你认为值得走的路。

生活中那些自命清高、不屑从低层做起的女人，永远都无法完成自己的原始积累。等到忽然有一天，她看见比自己起步晚的，比自己天资差的人，都有了可观的收获，她才意识到自己这片园地上还是一无所有。这时她才会明白，不是上天没有给她理想或资源，而是她一心只等待丰收，却忘了播种。

在女人还默默无闻不被人重视的时候，不妨试着暂时降低一下自己的物质目标、经济利益或事业野心，脚踏实地做好一个普通人的普通事，这样你的视野将更广阔，或许会发现许多

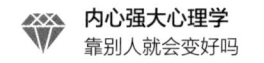

意想不到的机会。

> **命运私语**：任何一个行业都没有高低贵贱之分，如果某一种工作可以使你活得很从容，那么不要犹豫，适合的就是最好的。

不害怕吃苦，但不要被苦难所吞没

很多女人都知道安逸享乐会使人精神萎靡，失去进取的勇气，却不知日复一日的艰辛生活同样会消磨人的灵性，使你对自己的现实状态和未来的发展方向缺乏必要的认识。

很多女人，即使对自己目前的境况不甚满意，也希望拥有更适合她的终生事业，却从来没有考虑过自己应该向何处走，也不知道应当如何对自己进行定位。假如让她必须作出一个决定，她也茫然不知所措。

世间许多的沉沦，都是由对客观境遇妥协造成的，都是由不愿努力、不肯奋斗造成的。

当你坚定意志，要在世界上展示出你的真面目，要一往无前地朝着"成功""富裕"之路迈进，而世界上没有一件东西，可以推翻你的这种决心时，你会发现，从这种自尊心与自信心中，可以获得无穷的力量。

"时装女王"夏奈尔的童年十分不幸。她出生于法国一个贫困的家庭，夏奈尔12岁时，母亲因病去世，追求享乐的父亲把她丢给一家修女办的孤儿院后就离家出走了。

青年时期的夏奈尔，为了摆脱人生的境遇和贫穷的生活，决定勇于直面现实，坚强地面对生活的挑战，从事起她热爱的服装事业。每晚睡觉前，她总是把心爱的剪刀放在床头柜上。

1910年，夏奈尔遇到了她生命中最重要的男人鲍伊。他关心夏奈尔的想法并培养了她的个性。在他的资助下，夏奈尔开设了女帽店，她不平凡的一生也是从这时开始的。由于她设计的女帽简洁、大方、雅致，因此受到了众多女性的青睐，她的生意很快就火了起来。一年后，夏奈尔设计的女帽上了《时装杂志》。夏奈尔的名声在巴黎兴起，她走入了巴黎的上流社会。

就在夏奈尔的人生刚刚有了起色时，不幸再一次降临在她身上，她的恩人鲍伊突然死于车祸。对于一个年轻女人来说，没有了爱人，没有了精神支柱，这该是人生多么大的不幸啊！但是夏奈尔忍着巨大的伤悲，勇敢地站了起来。她发誓，要凭借自己的智慧，来创造人生的辉煌。

1913年，夏奈尔在法国上流社会的度假胜地杜维尔，开设了一家时装店，并推出了造型简单、款式合体、舒适又飘逸的针织羊毛运动衫。此款运动衫一出，立刻在服装界引起轰动。不久，眼光长远的夏奈尔把时装店扩大成服装公司，开始大批地生产她设计的服装。几年后，夏奈尔终于登上了时装界的制高点，由她设计的时装深深地迷住了那个时代的人们。

夏奈尔以女性的智慧，改变了自己的命运。正如她自己所说："我从不为处境而烦忧，我就乐意征服它们。"

女人有几种坚强的品质，都是与"贫穷""困境"势不两立、水火不容的。自恃与自立，是坚强品格的基石。我们常能发现，在那些虽然贫穷、不幸，但仍然努力奋斗的女人中间，这些品格十分常见。一个因失掉了勇气、失掉了自信，或因懒得去努力奋斗而贫穷的女人，是没有这种坚强品格的。同那些在不断的努力中锻炼了精神和道德的女人相比，这种人只是弱者。

最足以损害女人的能力、破坏女人前途的，无非是以不幸的环境为借口而不去挣脱。因为自己不能像成功人士一样地生活，不能享受成功人士所得的幸福，所以处于困境中的女人往往心灰意冷、不想奋斗。女人的生活是好还是坏，全因自己的思维方式而定，这是一条不变的法则。你认为成功的可能性大，则大；你认为成功的可能性小，则小。艰辛的生活不是哪个人永远的重负，我们应该只把它当成一种过程，时刻都准备着从艰难之中穿越出去，享受战胜自己的喜悦。

无论遭受了多少苦难和挫折，女人都不能丢掉前进的勇气。越是在困境中的女人，越应当努力完成对自己人生的长远计划和规划。否则，等到你在苦难中麻木，一天天适应了苦难，并习惯了在困苦之中打打小算盘，省一点小钱，享受一点感官上的小快乐的时候，今生就彻底失去了自救的能力。

逆水行舟，也许是一个很困难的过程，你经常会失败，经常会失望，并时常处于痛苦和沮丧之中。但这也是一个自我改造的过程，在这个过程中，女人的能力不断地提升，眼界不断地扩大，周围的人也会越来越有分量，慢慢地，我们的人生就会提高到一个新的层次。

命运私语　被艰辛的生活吞没，不但意味着你向打击和挫折投降，还意味着你一点点习惯了这种灰色的日子。"苦中作乐"的态度代表着对命运的妥协，女人如果太早地失去冲劲儿，就等于失去了自救的能力。

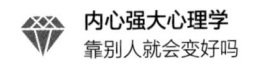

现实生活中受欢迎的人，都是懂得人情世故的人

一个女人要想在社会上生活得很好，首先要认识到社会不那么单纯和美好的。在缺乏人生阅历的年轻女人眼中，世界非黑即白，她们相信，一切事物都应该像有标准答案的考试一样，能客观地评定优劣。

而事实上，她们身边的环境比想象中要复杂得多，有许多不为人注意、不为人重视的潜规则，如一只看不见的手，在左右着她们的生活。学会世故，就要求女人要认识到这些规则，适应这些规则。

一个女人成年以后，就应该慢慢变得成熟且智慧。社会并不是一个可以任性的地方，曾经的那些大小姐的脾气，要学会收敛。

你要使自己受欢迎，给人以和蔼可亲的印象，要学会运用一种有效而"得人心"的策略，使周围的人对你的谦逊和热情给予充分肯定，然后他们才可能给你提供更多的便利。这样，我们的人生中所遇到的阻力就会小得多，离好运气也会越来越近。

张欣和罗小梅是公司新来的大学生，两个人被安排在同一部门，做同样的工作，在工作能力和工作业绩上也不相上下，但两个人在为人处世方面却有很大不同。

张欣还保留着在学校时的习惯，对同事不是直呼其名，就是"小张""老王"地乱喊，这惹得公司里一些资格很老又有一定职位的同事很不满，他们觉得这个女人不懂得尊重前辈，非常没有礼貌。在一次聚会中，部门经理当场唱了一首歌，其中有一句跑了调。大家都低着头，若无其事地打着拍子，只有张欣忍不住笑出声来，令经理非常尴尬。

当然，一个大男人不能因为这点小事找女人的别扭，但是经理考虑到张欣做人不成熟，没分寸，自然不放心让她去见重要客户或者上层领导，倒是把一些打杂跑腿的活儿都派到她的头上。

罗小梅的表现则完全不一样，她见谁都恭恭敬敬的，周围的同事有职务的称呼职务，没职务的则喊"大哥""大姐"。她下班以后，看有人没走就会留下来，与人家聊聊天，说说话。谁有什么困难，她也会尽力帮助。当然，她也经常向别人求助。

有一次，她来到经理的办公室，说有一件大事，务必请他帮忙。原来她的姑姑身体不好，听说经理的太太是本市内科的权威，想请她好好检查一下。经理一向以太太为傲，这个忙当然是要帮的。之后，罗小梅又去经理家里拜访，关系处得非常

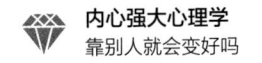

融洽。

不久后,公司出现了一个经理助理的空缺,上上下下都一致认为罗小梅是最佳人选,她也顺理成章地坐到了这个位子上。

5年之后,罗小梅已经变成了公司的骨干,而张欣从职位到薪水都与她差了一大截。因此,张欣心灰意冷,认为自己运气太差,无论如何也比不过罗小梅。

现在的年轻女人,大都受过良好的教育,底子都不差。但是在漫长的人生旅程里,"做人"也是一项非常重要的基本功。我们要想在工作和生活中顺心如意,单靠勤勤恳恳地埋头苦干是不够的,周围人的支持与认可是一个人最佳的成功助力。

在职场如此,在家庭中也是一样。当一个女人决定和一个男人共同生活时,他的家庭也就变成了她的家庭。与丈夫的家人处得好不好,便成了女人快不快乐的重要因素。很多女人个性太强,虽然心眼不坏,但嘴上不肯吃亏。自己家里,本来就有疼爱自己的父母和早已熟络的阿姨哥嫂,再把这些可爱称呼奉献给他人,心里就感觉有些别扭。尤其是"爸妈"二字,更是能免则免。这种害羞又强硬的态度,很难让丈夫家里的长辈们把你当成自己的孩子一般疼爱。

一些独立的职业女性,可能对此不以为然,她们认为,自己也辛苦赚钱养家，实在没有讨好任何人的必要。其实适当的世故是我们生活的润滑剂。你可以这样想一下：一个人的力量再强也是有限，尤其是当我们的生活出现一些意外的变故时——比如，生病、失业、老公花心等，身边的人是帮自己还是打击自己，结果会有多大的不同？

电影圈"唯一也是永远"的美女林青霞嫁为商人妇之后，在一次访谈中，她非常坦诚地表示："结婚初期，真有点适应困难。以前拍电影的时候，所有人的注意力都放在我身上，都在看我的反应，结了婚之后，我变成了配角，要看老公的脸色和老公家人的脸色，还有佣人的脸色。你问我委不委屈？委屈啊！但从另一方面看，我又得到了许多，有得有失嘛，身份不同，便要提醒自己，甚至要把自己也忘掉。"

无论对谁，生活都是现实的，处于什么样的位置，就要演好什么样的角色。好命的女人，是因为获得了大家的关心和支持。人都是有感情的，在愉快的气氛下，我们的工作和生活都会顺利得多。学会圆通的处世方式，给身边的每个人以尊重和热情，你很快就能和大家融为一体，你会发现这比固执己见而孤军奋战有趣得多。

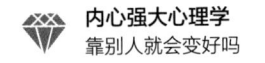

> 女人如果不会"做人",再高的学历和专业水准,都可能被你浪费掉。暂时委屈自己一点点,学得"谦逊"一些,"热情"一些,你所得到的东西将远远大于你的付出。

现实一点,别总活在幻想中

如果说男人都是现实主义的,那么女人就是浪漫主义的,即使已经有了一定社会阅历的女人,明明知道自己周围不可能永远是一个祥和美丽的玫瑰花园,却依然很难忍受来自外界的冲撞和打击。

很多时候,女人们缺少一种对抗人生困局的弹性和韧性,许多本来可以成就自己的大好机会,被她们过于清高和自傲的处世方式搅得一塌糊涂。

徐宁是一家大型企业的高级职员,无论是业务能力,还是外貌人品,在公司都是出类拔萃的。

不久前,公司总部提拔了一个资历、能力、业绩都不如徐宁的女职员。徐宁对此十分愤怒,因为这个女人和公司一位副总关系不一般,她总是受到额外的关照,诸如加薪、外派等好机会她都能轻易得到。徐宁看着不如自己的同事,在短时间内被连续提拔数次,而上司对自己的业绩却视而不见,就跑到总经理的办公室去讨说法。

总经理对徐宁所说的问题也有耳闻,但是以大局出发,没有为了某一位员工而去责难自己副手的道理。于是他随随便便地安抚了徐宁几句,徐宁却不肯就此罢休,讲起道理来,满走廊的人都能听到,总经理被她追问得狼狈不堪,于是愤怒之下把她狠狠地教训了一番。

这件事之后,徐宁的情绪很受打击,工作也懒洋洋地提不起精神。反倒是那个刚刚被提拔的女同事,意气风发,干劲十足,和一蹶不振的徐宁形成鲜明的对比。

徐宁的失败,就在于她做人不够"成熟"和"老练",总是下意识地期望现实世界也是干净纯洁,没有一点不公平存在。在她看来,"好处"只能和"贡献"挂钩,因此一旦看到一些不平事,就会无法控制自己的情绪。

好命的女人,首先要有一个正确的处世态度,动不动就摆出一副浑身带刺的样子,只能让人戒备和防范,又怎么能拿到好东西呢?对于女人来说,没有任何东西比主观的态度更能影响你的生活。认识到社会的复杂性和多面化,以平和的心态接

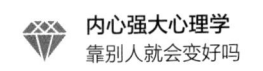

受身边的一切，才能避免一些不必要的麻烦，从而更好地控制自己的命运走向。

我们可以发现，那些成功的女性，其性格情绪都是非常鲜明而稳定的。她们会以足够的耐心和适度的温柔，为自己争取最合理的待遇与最合适的位置。

很多人喜欢把我们生存的社会称为"江湖"，这种叫法其实有它的道理。一个人既然在"江湖"上行走，就要对可能发生的一切做好心理准备。地球不会只围绕着某一个人转，有一点点不公，有一点点暧昧，有一点点没道理，才是人生的常态。在生活中，我们会遇到很多不合理的事情，也会遇到很多让你无法接受的人，你可以不喜欢他们的为人，不喜欢他们做事的风格，但是我们无法去改变别人，与其非常愤怒地大声指责别人的行为，不如怀着理解的心态给对方一个微笑。风水轮流转，好运最终会属于能够沉得住气的人。

如果你对于理想与现实的反差实在难以接受，那么，试着把看问题的立足点变一下，不要光想着自己的感受，还要看到比这更重要的东西，比如，长远的得失、长久的关系等。有了这种思想，我们对情绪就有了自控力，即使受到刺激，也可以不急不恼，不会无端地乱了步调。

人在江湖，就要拿出江湖人的气概来，那种动辄很伤心、被得罪的心态，还是收敛一些为好。有些女人感情太脆弱，自尊心太强，只要前进一受阻，她们就感到羞耻气愤，要么与人争吵，要么拂袖而去，不再回头。但是发泄之后，又能得到些什么呢？做一个眼里不揉沙子的人，你会为维护自己的公正与原则而伤透脑筋、费尽心思；而且你不讲情面的正直作风往往会疏远你和周围人之间的关系，使他们对你敬而远之。

好命的女人，应该清晰地分析自己与现实之间的关系，对于自己无法改变的东西，就改变自己的心态去坦然接受它，然后外界的世界才会对你露出微笑，还你一个从容的人生。

> **命运私语** 女人的好命是要靠自己去创造和争取的，但是要记住这个"争取"是心态平和、面带微笑的柔性竞争，越是吵闹，你想要的东西就离你越远。

Part 9

爱自己多一点，每个人都要为自己的命运负责

"女人如水"从曹雪芹开始似乎就成了定论。只是，这样的比喻只适合形容那些衣食无忧，花前月下有琴棋书画为伴的女人。世上大多数女人，她们更像泥一样，淳朴、厚实，在别人的思想下塑造自己的形状，根据男人的活动安排自己的生活。

这些女人无私地储存营养，滋养别人，却着实苦了自己。更让人叹惜的是，她们有泥的奉献精神，也承袭了泥的命运——身边的人都需要她，却不重视她。男人的眼光，更多的时候还是投向了那些水一样、花一样的女人。泥之命是女人主动承揽过来的，要摆脱这既沉重又暗淡无光的命运，应该从爱自己开始。

女人别在操劳中埋没了自己的价值

在我们的传统观念里，中国女性一向以温柔、顺从、勤劳、忍耐为美德。拥有这种品格的女人像是一个苹果，吃起来清甜可口，可没有它也不是不行。

女人们，尤其是那些期望靠自己的力量获得成功和好命的女人，应当充分发掘出自己个性中勇于进取和承担责任的一面，来获得社会对你的认同。最终可以衡量一个人价值的还是你的成就和业绩，否则无论你做了多少默默无闻的奉献，也不能换回自己想要的东西。

在公司里，秦小枫以文静和勤劳而出名。在没有人要求的情况下，她每天都提早上班，帮所有的同事擦桌子，连办公室的地板都拖得干干净净。其他人任务繁重时，理所当然地叫小枫为他们跑腿打杂，小枫也二话不说就帮忙。偶尔部门同事一起聚餐，她也不让其他同事动手，自己包办所有布置餐台和清洗碗筷的任务。虽然要做好自己的工作又要帮其他同事的忙时常让小枫感到劳累，但是，她并没有觉得多为难。她很高兴能

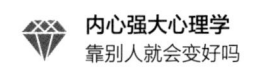

够以这样的方式得到别人的认同，而且经常习惯性地说，努力做事让她感到满足。

相反，同一部门的张雪对办公室里的杂事却从来没有兴趣。她业务能力强，做事也认真专心，在公司里与同事相处也十分融洽。张雪常常思考怎样才能让自己成为市场方面的专家，有闲暇时间就收集"情报"，也在公司内外建立了良好的人际关系。

2年后，张雪如愿以偿地得到了加薪，并调到了期待已久的市场营销部。秦小枫依然在办公室做些可有可无的杂务，当着义务的"清洁工"。

女人为自己寻找好的出路时必须要多动脑子，否则你会一辈子都活得辛苦。无论在什么样的情况下，在什么样的环境之中，你都要争取做主角，演好自己分内的戏，而不是被跑龙套的活儿指使得团团转。

当年撒切尔夫人就任英国首相时，报纸上曾经登出她在厨房为丈夫烤蛋糕的照片。这种姿态，主要是为了表现大不列颠首相的亲和力，也等于在间接地教育女人："看！人家首相也做家务。你能比她更忙吗？你担当的责任能比她更大吗？所以你不能逃离厨房。"但是对于撒切尔夫人，这种表演可能只是偶尔为之，也并无人挑剔她做的蛋糕的颜色和味道。因为人们知道，烤蛋糕毕竟不是她的主业。

而世上那些普通的女人必须明白什么才是对自己最重要的事情，不要被社会上的某一种绝对观念迷了眼。

在工作中只是任劳任怨而不懂得提升自己的素质，是得不到你想要的东西的。在家里，你的勤劳和辛苦也不能帮助你留住老公的心。

不必理会那些即使女人的事业做得再好，也不能忽略了家务的观点。对于职业女性来说事业才是最重要的，只有做好了事业，才能真正给我们带来经济和精神上的独立，而这正是我们获取幸福的坚实基础。

就像古时候的"君子"可以以治国安邦为理想而不事稼穑一样，今天的职业女性同样也要学会回避手足胼胝的操劳。在生活中，我们要做的是努力学习知识，提高能力，以争取更高的职位和更好的待遇。放心，这不会影响你的家庭生活，现代男人需要一个携手共进的伴侣大于需要一个温柔贤惠的老婆。你的修养，你的个性，你的自信，你的微笑，都已经是可以送给他的最有温度的爱情了。

只要你真正有能力，就有资格看不起那些营营役役的"鄙事"。是的，社会需要各种类型的人共同支撑，但是具体到某一个人，能上升一步时，就不要让自己往下滑。

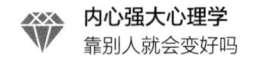

很多女性对于自己的生活把握不好，大都是因为没有足够的自信，把社会上最普遍的眼光和看法当成自己的观念。时间长了，就养成了靠他人意见才可以做事的习惯，自己也就懒于思考，只是被动地重复着日复一日的工作和生活。

这样的女性就是"泥命女人"的代表，因为她们连自己想要什么都不知道，连自己的个人意见都没有，何谈达到自己的人生追求呢？

> **命运私语**　女性在生活中要力争上游，那些承担了一切杂事、琐事，默默无闻地为别人付出的作风，也许是一种美德，却体现不出一个人的价值，也不能让人得到自己想要的东西。

自己在岸上，才有可能去救别人

除了极少数幸运者，我们人生总会遇到一些波折，甚至在毫无准备的时候接受意外的考验。女人最容易受到传统观念和文艺作品的影响，她们往往会以为在困境中与亲人彼此温暖、一起苦熬是令人感动的高尚，谁要是独自逃离，就是背叛了爱与亲情。她们暗自感叹："看来真是人生难料啊！这一切都是命中注定！"

事实真的是这样吗？不，在能否过好日子这个问题上，比"有天赋"和"命好"更有影响力的就是"聪明"，它决定着你是否能够作出明智的抉择。一些同情心过于丰富，对自己的命运缺乏主观认识的女人要知道，只有自己先上了岸，才会有救助他人的可能，否则大家一起在波涛里沉浮，终归是于事无补。在两难的困境之中，女人最明智的选择应该是努力提高自己、充实自己，然后以你的经济能力，挽救命运的残局。

于青是一个家境贫寒的女学生，当初，父母希望她高中毕业后能够早日工作赚钱以贴补家用。但是，她却坚持考上大学，靠着奖学金和打零工维持自己的大学生活。2年后，当弟弟考上大学却凑不足学费的时候，父母劝她休学，并把存下来的学费拿出来给弟弟用。她却坚持说，一定要将书念完，自己不能随便休学，但她愿意把缴完学费后剩下的钱给弟弟。

无奈之下，父母最终还是借钱帮弟弟交了学费，而她却被人说成是"只顾自己的自私鬼"。

辛苦地完成了大学学业后，她成为一名护理师。6年后的某一天，她拿出了一大笔钱，请她父母搬到一处更大的房子居住，并资助了弟弟一笔创业基金。从此之后，她所到之处，大

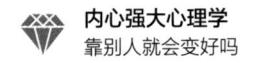

家都会称她为"孝女"。

我们无法考证，到底是什么人依据什么规定了女人的美德就是无条件牺牲。有很多生活环境不太理想的女人，在自身的能力还没有完善时，身边的人就已经在等待她们的帮助了。于是她们只好拼命地工作，资助了亲人之后，薪水所剩无几，自己只好又投入下一轮忙碌中。

但是，将金钱投资在自己身上就不一样了。把原本送给别人的金钱投资在自己身上，终将给自己和周围的人带来加倍的回报，这对彼此都是一件好事。而你的生命究竟有多大的活力、多大的发挥空间，终将取决于你的经济力量。想想看，对于你的家人，报酬微薄的辛苦、同情的眼泪、切切实实的物质援助，哪种更有效果呢？所以，你在投资自己的时候，不必有抱愧的心理，为了你们的长远利益，你这么做有充分的理由。

在你的潜力还没有被充分挖掘出来之前，不要为眼前的枝节问题分心。但是据我们所知，爱情往往是考验女人的又一道关口。

李瑛念大学的时候，是学校里的风云人物，不仅学习能力强，而且多才多艺，无论唱歌、美术还是运动，她都有着超凡的实力。她的目标是，先拿到大学文凭，再到德国一家著名的研究所继续深造。她总是说，在未实现自己的梦想之前，她不想为任何事情分心。

可是这时候她爱上了同校的一位韩国留学生，两个人爱得难舍难分。后来，她的男朋友期满要回国，为了两个人能继续在一起，李瑛毫不犹豫地申请休学。面对周围朋友的劝告，她说："没有牺牲的爱，能称为真正的爱吗？如果没有真正的爱情，人生还有什么价值？况且我已经计划好了未来，你们不用操心。"

虽然身边的亲朋好友都替她担心，但也觉得凭她的聪明才智，应该可以处理好这个问题。

可是，到了韩国后，由于环境的压力和生活的矛盾，两个人很快就分手了。李瑛在彷徨之余，连计划已久的留学也放弃了。她又转换了目标，开始准备公务员考试，但成绩不尽如人意。她现在只是一个公司的小职员，离自己当初的理想已越来越远。

李瑛的人生为何如此不如意呢？难道是因为那个让她痴心相爱，却最终分道扬镳的男友吗？或者，只要她能顺利通过公务员考试，人生就会走上平坦大道吗？这些都不是问题的关键，关键在于李瑛尽管很有天赋，却缺乏创造幸福生活的坚定信念。她为了一个没有约定好将来的男朋友，就轻易地放弃了自己的梦想，这是一个天大的错误。倘若以后她能认识到这个

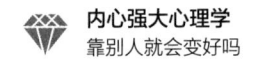

错误，那还算幸运，只怕她没有反省的意识，反而找借口掩饰自己错误的选择，那么，难保她不会再犯类似的错误。

人生是选择的延续。众多的选择组合在一起，构成了人生的框架，而这些选择取决于你的心理倾向和性格。

就算现在别人会说你是一个"自私鬼"，你也要先为自己的成长投资。例如，选择不拿第一个月的薪资给父母添购新衣，却下定决心报名参加计划已久的英文课程；不帮男朋友赶一篇重要的报告，也一定要参加公司的学习研讨会。能够作出这种利己选择的女人，才可能走出既定的小格局，举重若轻地承担起人生的责任。这无论是对自己还是对身边的人，都是一种福气。

命运私语：女人在投资自己的时候，不必抱有愧疚的心理，为了自己的长远利益，要举重若轻地承担起人生的责任。

失恋不是迷失自己的理由

失恋谁都不愿意遭遇，可它的存在是必然的。开始与结束，得到与失去，本就是一对孪生姊妹。对于心理正常、情绪稳定的女人，失去了也就失去了，小小地难过一下，并不妨碍她打起精神去做别的事；对于那些不知善待自己命运的女人，失恋不仅仅是失去了一段感情，还有对生活的信心。她们的思路是这样的：他离开了我——因为我是没有魅力的女人——我的人生是失败的人生。其实这中间，只有你和一个男人分手是事实，其余的一切只是你悲观的想象。

女人可以失去爱情，但不要因此而失去生活，迷失自己。有些人一旦失去了爱情，就连生活的重心也失去了，只剩下无助、寂寞、孤独、消极、悲观，甚至失去对生活的信心。可是再过几十年，等到自己老了，活明白了，回首过去，只会剩下惭愧和悔恨。

逐渐淡漠的感情势必会走向分手，即使你仍深爱着对方，也要学会自己慢慢放下这段感情。你们的感情已成过去式，以后你要学会把"我们"这个词汇从头脑里抛开，以"我"的眼光来看待这个世界。

失恋是一杯红茶。前味苦不堪言，细品之后的余味却绵长细密，丰富了你的内心和生活。如果正承受失恋痛苦的你暂时还不能接受这种说法，那么我们不妨现实一些，用学会一个人生活来为恋爱疗伤。

虽然会有很多人告诉你，只有下一次恋爱的开始才能让你真正走出上一段的阴影，但那也要在你独自过一段生活之后才能够发生。不要指望刚分手便立刻会有王子骑着白马过来搭救，即使有，在你未走出前一段感情阴影、未能有时间好好汲取上一段感情的养分之前，你都有可能重蹈以前的覆辙，在失恋的路上越走越远。

如果你终究难以忘怀前任男友，一天拿起手机好几次，只想给他拨个电话——在这儿劝你对自己狠心点，闭上眼睛深呼吸，毅然丢掉手机——否则，等待你的电话内容无非先是一长串尴尬的省略号和逗号，然后在"我们不是已经结束了吗"的冷淡质问里挂断。

何必呢？既伤自尊，又不能改变既定的事实。你为何就不能学会并习惯一个人生活呢？一个人生活不是孤守他离去后的那片天地，而是独自坚强地开辟出一片新天地。塞翁失马，焉知非福？独立寒风的滋味虽然不好受，却是心智成长的最好时节。

一个成熟的女人，要理智地对待自己的情感，千万不要因为某个人痛苦而消极地活着。感情的事情并不是谁都能把握得了，为什么要为一个已经毫不相干的人而让自己陷入不愉快的心情中呢？一个不懂得欣赏你的人，没有资格让你为他难过悲伤。每一个人的人生都是美好的，某个人的离开，只能说那个懂你的人还没有出现。他不是你生活的全部，与其让自己陷入一个无望的爱情中，不如潇洒地转身，投入到付出与回报成正比的工作和学习之中。

2006年，谢娜和刘烨分手了。但在这短短的1年时间里，谢娜也迅速蹿红。出书、拍话剧、做主持人、出新专辑、拍广告……她的事业全面开花。当有人把她和妮可·基德曼作类比时，她开怀大笑："谢谢大家抬举我！我没有她那么大的成绩。我只是现在把全身心都投入了工作。"

也许人生中的得与失原本就是奇妙的悖论，她失去了刻骨铭心的恋情，却也从此冲破了"某某女友"这个拘束的头衔。虽然整个过程痛并艰辛，但破壳而出之后却能爆发出自己的所有能量，开创了另一方天地。正如谢娜所言："我还是憧憬美好的爱情，但是没有爱情，我一样精彩。"

这个世界上，没有谁离开谁活不下去，除非他是给你提供水、空气、阳光和食物的大自然，所以，那句"没有你我活不下去"的傻话最多只是强烈的感叹，千万不要相信那是真的。

女人不要犯傻，切记不要把爱情视为你的一切。千万不能因为爱情就放弃自己的事业、爱好和友情；放弃了这些宝贵的东西，也就放弃了你作为一个独立的人的创造能力。要知道，

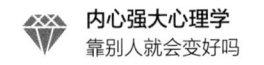

真正能给你打击的不是失恋,而是你自己对待失恋的心情,走出阴影之后你会发现:他不过是一个极为普通的男人罢了,而当初自己对他的迷恋幼稚又可笑。

命运私语 把爱情视为一切的女人,是执迷不悟的女人。失恋,只能证明你失去的那个男人不懂得欣赏你,并不表示你就是没有魅力的、不幸的女人。如果因为失恋就否定自己,你在失恋的同时失去的还有你的未来。

别不舍得离开坏男人

好命的女人,自然可以按照自己的喜好,选择任何一种生活方式。前提是这种生活必须可以让你感到幸福和满足。

在原始的农耕社会,女人要依靠男人的力量才能活下去,没有婚姻的女人,简直无法在社会上立足。今天的女人们独立起来了,一个女人如果有学识,有水平,找到一份好工作不成问题,获得一份让自己生活优裕的薪水也不在话下。外出有车,娱乐有朋友,维修房子有物业,男人似乎可以退到一个可有可无的位置了。

然而，单身女性真的可以生活得很幸福吗？

可以。但是在现今的社会模式中，婚姻依然是大部分适龄女人的首选。

一个人生活，你能平静地面对父母焦急期盼的眼神吗？你能无动于衷地面对外界的关心和好奇吗？你能在看到日渐增多的白发和皱纹时不焦虑吗？你能在看到朋友同事可爱的孩子时不失落吗？我们不否认，有一些女性，从内心里就不喜欢婚姻，一个人生活也能自得其乐，但是对于大多数女人，还是走一条与大众相同的道路，更容易获得幸福感和满足感。婚姻之中也有争执，但这叫"烦恼"，是易来易去的；一个人走，欢乐和痛苦都落不到实地，这叫"忧心"，在你漫长的生活里，它总是时隐时现，吞噬着你的美好生活。

美国电影《B.J单身日记》大胆地向世人宣称："我已彻底厌烦了单身生活！我要结婚！"其实这也是大多数单身女人的心声，因为她们已经不再年轻，对男人毫不在乎的日子已经成为过去。有一些女人，约会无数，恋爱无数，但是几乎没有和哪个男人维持过稳定的关系。男人们不肯结婚，她们连一句承诺也得不到，这使得现代单身女性陷入了最深切的不安全感。

女人的恋爱，寻找一个合适的拍档是最主要的问题。这就如两个人合伙经营一种生意，一方是希望做长线，以此获得稳定的生活，另一方却是为了锻炼身手、增长见识，那么他们合作的前景，又能好到哪里去呢？把恋爱当成结婚的先期准备的女人，离开那些只想在男女之情中寻找乐子的男人，是你当前最重要的一件事。

有一种男人，被称为"九周半"型。他们的热情大约只维持两个月，两个月后他们的专注和爱恋就会移向他处。被他们爱上的女人常常正沉浸在醉人的甜蜜中时突然惨遭当头一棒，连一种合乎情理的解释也得不到。

你的愿望是婚姻，他的目的是实践，这种男人对女人的伤害是不言而喻的。为了不让自己陷进去，你需要一开始就擦亮眼睛，对他有一个准确的判断。

他是否从未带你进入他的世界？你是否认识他的朋友兄弟？也许两个月还谈不上拜见公婆，可是他是否连家里和办公室的电话都不肯给你，只让你在流动状态下找他？仔细想想，你们是不是保持着这样的联络方式——他随时可以找到你，你要找他就不那么容易，多数情形下傻乎乎地等他的回音？不是说男朋友一定要以你为荣，时时处处地带你在身边出双入对，但若他喜欢让你处于地下状态的话，你可以认为他随时准备结束这段恋情。

Part 9
爱自己多一点，每个人都要为自己的命运负责

太年轻的男人多数是"九周半"型男人。他热爱冒险，喜欢流浪，怕被一个女人套牢。超过30岁的男人，心性已经大致安定下来，但也还有人用他已经习惯的自由自在的单身生活来寻找不结婚的借口。如果你认为自己不是一个只靠恋爱就可以活一辈子的女人，离他们远一些是避免受到伤害的不二法则。

单身对你来说，不是彼岸，而是小站，是两段感情生活之间的过渡。那些好命的女人，大都有着现实的生活态度，她们不需要那些表面的浮华，而是定下心来，寻找一个以居家为乐的男人，快快乐乐地过日子。

> **命运私语**
>
> 对于大多数女人，还是走一条与大众相同的道路，更容易获得幸福感和满足感，在现今的社会模式中，婚姻依然是多数适龄女人的首选。离开那种游戏人间的坏男人，是你获得幸福婚姻生活的前提。

聪明的女人懂得和男人齐头并进

很多女人都有一个梦想，今生和自己心爱的男人在一

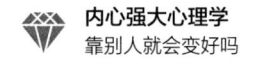

起，白手起家，出人头地，夫贵自然妻荣，幸福也就在自己眼前了。

但是如果两人不能同时成长，想仅仅靠一种恩情拴住一个人的心，无论如何是危险的。最常见的结局就是，穷人富了，口味变了，新的诱惑无法抗拒，与老婆的幸福生活变为泡影。

有这样一组漫画：

第1幅：男人骑着自行车带着女人，女人用手搅着男人的腰，把脸紧贴在男人的背上。

第2幅：男人开着车，女人坐在旁边，将手搅在男人肩上。

第3幅：他们换了一辆较宽的轿车，男人开着车，女人坐在旁边，两手抱着手袋。

第4幅：他们又换了一辆豪华轿车，男人开着车，女人远离男人而坐，脸上阴云密布。

这组画面生动地描述了许多夫妻的情感历程。生活中有许许多多这样的实例，原本十分相爱，在困境中也共同度过的夫妻，当生活条件发生了大的变化时，就出现了严重的感情危机，甚至分道扬镳，各奔前程。

作为妻子的一方，如果自己的丈夫在外面成就了一番事业，就很容易因为对男人产生依赖感而忽视了自我发展，这就会造成一个前进、一个滞后的局面，导致双方心理上的不平衡。

有人说"好女人是一个好老师",这种说法肯定是男人编造出来的,千万不要信。女人望夫成龙,心甘情愿做老师的结果是只能眼睁睁看着辛苦培育出来的学生毕业后离开学校。铁打的营盘流水的兵,再好的学校,也不可能留学生一生一世。这样的例子太多太多。

这样看来,女人决不能只甘心做一个培养好男人、感化好男人的老师,她应该和老公做一对好同学才是。若干年后,他学业有成,她的内涵也更充实,即使有一天他站在一个万众瞩目的位置,她也毫不逊色。

前柬埔寨国王诺罗敦·西哈努克曾经是一位风流多情的花花公子,然而在一次中学选美活动中邂逅了莫尼卡·伊吉后,便为她的美貌所倾倒,从此他收起多情,专注于她一人。

莫尼卡居然能够使这位风流君主变得情有独钟,忠心不二,简直是令人难以置信。她有什么回天的魔力呢?

西哈努克自己的回答是:"她受到过良好的教育,为人谦虚,举止稳重,很有教养,聪明伶俐,还有高雅的性格。"

的确,莫尼卡不仅仅有外在的美,而且有几乎接近于完美的品格,稳重矜持的举止,优雅高贵的气质,温柔善良的脾性,有经历大场面所需的贵夫人风采,莫尼卡所到之处满堂生

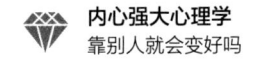

辉。而这些是西哈努克以前的所有情人都欠缺的。

为什么一国君主的妻子不叫妻子，而称为第一夫人？

因为，她不仅仅是一个男人的妻子。她是否美貌如花，倾国倾城，不是最重要的。重要的是，她要举止得体，要有智慧，她的所有言行要和一国君主之妻这个位置相匹配。她的一笑一蹙眉，都关乎丈夫的形象。

和丈夫出访各国，她要以优雅的礼仪、得体的谈吐、良好的形象出现在公众面前。这时她不仅代表她自己，还代表这个国家所有的女性。

如果她的表现不到位，将会使她的丈夫置于尴尬的境地，当他不再以她为荣的时候，只靠旧日的情分，难说他们的完美关系还能维系多久。第一夫人不是随便做的，给一个平头百姓当老婆，同样也不轻松。麻雀虽小，各种脏器的功能不变，他的职业场所就是国会，他的家人亲戚就是王室，他的朋友伙伴就是选民，给他争光还是给他丢脸，全在你的表现如何。

在他落魄的时候，妻子是男人的棉袄，对款式要求不高，但要够厚实，够温暖，还不能太娇贵了，即使不小心划了个口子，也能修补起来。

当他的事业有了起色，需要的就是一件夹克了。在家穿着舒服，出去也不丢面子。那些和男人一起闯荡世界的，都是夹克式的女人。

当男人脱掉夹克换成西装时，女人一定要切记，这是男人成功的前奏或表现。因为，当他觉得需要穿西装出去应酬时，他的自身品位已经脱离了夹克的普通和随便，他需要得体的举止、高雅的谈吐、庄重的仪表来匹配，这样，他在应酬中才会神采飞扬。因为，男人看重自己及他的女人在社交场合带给他的那种灿烂的光环和被别人仰视的感觉。

当老婆的不要总是责备男人喜新厌旧，先看看自己，是不是旧得有些落伍了？爱需要与时俱进，需要相互学习、勉励和互补。

事实上，男人本身也是女人的衣裳，生活中的有些男人，会变换自己着装的款式，提升自己的品位。部分男人不用别人告诫他要与时俱进，他自己就会有种危机感。所以，妻子们也不要抱残守缺，坚持"本色"啦！

> **命运私语** 女人在和男人携手打天下时，你可以给他提供最可靠的支持，但是不要丢掉了自我更新、与时俱进的能力。如果两人不能同时成长，想仅仅靠对你的感激来拴住他是不可能的。

参考文献

[1] 孙晶玉.做内心强大的自己[M].北京：新世界出版社，2012.

[2] 德群.内心强大的秘密大全集[M].北京：中国纺织出版社，2012.

[3] 李维文.对自己狠一点，离成功近一点[M].北京：同心出版社，2013.